U0270159

精品课程新形态教材

浙江省课程思政示范课程教材

PHP Web
程序设计基础

主　编　刘小花　滕吉鹏　冯智明

副主编　杨　蓉　李晓雨　刘晓华

上海交通大学出版社
SHANGHAI JIAO TONG UNIVERSITY PRESS

内容提要

本书以服务大学生及社会上的学习者为出发点,以培养自主学习能力和网站开发实际应用能力为核心,对 PHP Web 程序设计基础课程内容进行了知识体系的调整。本书由 Web 开发概述、PHP 基础知识、PHP 流程控制语句、PHP 数组及数组函数、PHP 正则表达式、面向对象编程、PHP 与 MySQL 数据库、新闻管理系统的设计与实现、PHP 与文件操作、PHP 与图形图像处理、Laravel 框架等 11 章组成。

书中知识点讲解通俗易懂、深入浅出,挑选的案例简洁明了,具有代表性且能说明问题,既适合初学者,也适合有一定编程基础的人员学习使用。

图书在版编目(CIP)数据

PHP Web 程序设计基础/刘小花,滕吉鹏,冯智明主编. —上海:上海交通大学出版社,2024.8—ISBN 978 - 7 - 313 - 31040 - 8

Ⅰ. TP312.8

中国国家版本馆 CIP 数据核字第 2024JY3166 号

PHP Web 程序设计基础
PHP WEB CHENGXU SHEJI JICHU

主　　编:	刘小花　滕吉鹏　冯智明			
出版发行:	上海交通大学出版社		地　　址:	上海市番禺路 951 号
邮政编码:	200030		电　　话:	021 - 64071208
印　　制:	苏州市古得堡数码印刷有限公司		经　　销:	全国新华书店
开　　本:	787mm×1092mm　1/16		印　　张:	12
字　　数:	287 千字			
版　　次:	2024 年 8 月第 1 版		印　　次:	2024 年 8 月第 1 次印刷
书　　号:	ISBN 978 - 7 - 313 - 31040 - 8		电子书号:	ISBN 978 - 7 - 89424 - 786 - 5
定　　价:	58.00 元			

版权所有　侵权必究

告读者:如发现本书有印装质量问题请与印刷厂质量科联系

联系电话:0512 - 65896959

前　言

PHP语言是最热门、最受欢迎的Web开发语言之一。它因学习简单、开发快速、性能稳定而备受Web开发者青睐。不仅使用的人员众多，而且有强大的社区支持，无论是用PHP开发Web应用还是学习PHP语言，都快速有效。PHP独特的语法混合了C、Java、Perl以及PHP自创新的语法。它功能强大、易学易用、可扩展性强、支持跨平台与广泛的数据库、支持面向过程和面向对象，而且免费开源。在各种Web开发语言、框架、概念纷扰的今天，PHP仍以独特的魅力吸引了更多的Web开发人员学习和使用。为此，编者根据多年来对PHP的研究，并结合高校教学改革实践编写了本书。

本书能够为高校计算机类相关专业学生及社会上的学习者提供PHP网站开发所需的基础知识与技能训练。重点培养大学生的网页前端布局分析能力、程序设计逻辑思维能力，让大学生基本掌握中小型网站的架构能力，能够根据不同系统设计开发数据库，通过PHP编程操作实现常见的网站应用功能。同时，使大学生在动手操作过程中，学会思考问题和解决问题的方法，提升逻辑思维能力，并培养大学生的责任心和团队合作精神，从而为国家培养德才兼备的高素质人才。

本书既包含Web开发的基本内容，又重点介绍了PHP的基本语法、编码规范、数据类型、流程控制语句、数组、函数、正则表达式、面向对象等基础知识。本教材中讲解的知识点和所选用的案例，不但能满足初学者入门的需要，而且对PHP编程语言有基础的学习者也有较大的帮助。

本书的特色主要有三点：其一，每章开头除了学习目标，还增加了思政目标；每章结尾增加了思政小课堂。其目的是让大学生在学习专业知识和技能的同时，接受思想教育，渗透思政元素，实现育人效果，落实立德树人根本任务。其二，本书结合1+X Web技能等级考证，在第11章增加了Laravel框架，为大学生参加1+X考证助一臂之力，让技能发挥求真务实的职业精神，将价值塑造、知识传授和能力培养三者融为一体。其三，每一章的重点难点内容，除了书中的文字与图片呈现之外，还特地录制了配套视频。读者可以在每一章的课后，通过扫描二维码观看视频、进行习题练习。这样的方式便于读者对重点和难点知识做进一步的深化理解，从而做到学以致用，有效提升自身的实践操作能力。

本教材由嘉兴南洋职业技术学院刘小花、滕吉鹏及企业人才培养导师冯智明担任主编，杨蓉、李晓雨、刘晓华担任副主编。本教材共分为11章。第1章至第8章由刘小花编写，第9、10章由刘小花、冯智明合编，第11章由滕吉鹏编写，第1章至第7章思政素材及课后习题由冯智明、刘小花合编，第8、9章思政素材及课后习题由杨蓉编写，第10、11章思政素材及课后习题由滕吉鹏、李晓雨、刘晓华合编。

在本书的编写与统稿过程中,得到了校领导和同事们的大力支持与帮助,同时,也得到了上海交通大学出版社编辑的倾力支持。在此,一并向他们表示诚挚的谢意!

由于编写时间仓促和编者水平有限,书中难免存在疏漏和不足之处,恳请读者提出宝贵意见,以便修订时给予完善。

编　者

2024 年 2 月

目 录

第*1*章

Web 开发概述

伴随互联网的快速发展，Web 开发技术变得越来越重要。它是构建和维护网站的关键支撑。本章将介绍 Web 开发技术的基本知识，包括前端开发、后端开发和数据库管理。

前端开发是构建用户在浏览器中看到的网页的过程。它主要包括 HTML（超文本标记语言）、CSS（层叠样式表）和 JavaScript（简称 JS）三部分。后端开发是指开发 Web 应用程序的服务器端，负责处理数据存储、业务逻辑与数据库交互等。它涉及的主要技术包括服务器端语言、数据库和服务器配置。本章重点介绍后端开发服务器执行的脚本语言 PHP 及在开发过程中环境的搭建和服务器的配置等。

学习目标

（1）能够搭建并配置 PHP 开发环境。

（2）掌握编辑器的安装、配置与调试。

（3）能够上网获取激活码并激活 PhpStorm。

（4）掌握其他服务器（如 Hbuilder 外部服务器）的配置。

（5）可以完成小案例编写（两个页面传递变量）。

思政目标

（1）培养大学生树立正确的职业价值观。

（2）深入强化对 PHP 开发岗位的了解，全力培养良好的岗位素养。

（3）培养 PHP 语法规范操作、高标准、严要求的开发素养。

（4）培养大学生大国工匠精神。

（5）通过实际操作解决问题的方式，提高大学生动手能力与独立解决问题的能力。

1.1 初识 PHP

超文本预处理器（hypertext preprocessor，PHP）是一种广泛应用于 Web 开发的开源脚本语言，其脚本在服务器端执行。通过 PHP，不再受限于只输出 HTML，还能够输出图像、PDF 文件，甚至是 Flash 影片。同时，也可以输出任何文本，例如 XHTML 和 XML。

1.1.1 PHP 能做的工作

（1）PHP 能够生成动态页面内容。

（2）PHP 能够创建、打开、读取、写入、删除以及关闭服务器上的文件。

（3）PHP 能够接收表单数据。

（4）PHP 能够发送并取回 cookies。

（5）PHP 能够添加、删除、修改数据库中的数据。

（6）PHP 能够限制用户访问网站中的某些页面。

（7）PHP 能够对数据进行加密。

1.1.2　PHP 的优点

（1）PHP 可以在各种平台（Windows、Linux、Unix 等）上运行。

（2）PHP 几乎能够兼容所有的服务器（如 Apache IIS 等）。

（3）PHP 支持多种数据库。

（4）PHP 是免费的，请从官方 PHP 资源下载：http://www.php.net。

（5）PHP 易于学习，并可高效地运行在服务器端。

1.2　搭建 PHP 开发环境

运行 PHP 网站需要 Web 服务器（如 Apache 服务器）、PHP 预处理器、MySQL 数据库服务器的支持。因此，我们要为 PHP 开发搭建环境，常用的两种方式：一种是独立安装，即将 Apache、PHP、MySQL 依次安装并做相关配置；另一种是集成安装，即使用集成了 Apache、PHP、MySQL 的第三方安装包，比如 AppServer、Wamperver、PhpStudy 等。作为初学者，比较适合集成安装，以 AppServ 软件为例，主要分为三步：首先下载 AppServ 软件包，然后安装运行环境，最后调试并做配置。

AppServ 是一款集成了 Apache、PHP、MySQL 服务器且很好用的 Web 服务器软件，具有方便快捷、兼容性好、功能强大、易于维护等优点。由于 AppServ 易于获取，本节重点讲解 AppServ 的安装与调试过程。双击下载好的 AppServ-win32 - 2.5.10.exe 软件，分别按照以下步骤操作。

步骤 1：关于该软件的一些申明和建议，直接单击 Next 按钮，如图 1 - 1 所示。

步骤 2：直接单击 I Agree，跳到步骤 3，如图 1 - 2 所示。

步骤 3：本文件的安装路径默认在 C:\AppServ，如果有需要可以放到其他目录，比如 D:\AppServ 路径（见图 1 - 3）。

步骤 4：AppServ 软件包含了四个模块，分别是 Apache 服务器、MySQL 数据库服务器、PHP 文本预处理器及 MySQL 的 Web 管理页面 phpMyAdmin，如图 1 - 4 所示。

步骤 5：设置 Apache 服务器相关信息，输入服务器名称和邮箱，端口号默认是 80，若端口号 80 被占用，则可以用其他的端口号，比如 8080，如图 1 - 5 所示。

步骤 6：设置 MySQL 服务器信息，重点强调用户名是默认的 root。当访问数据管理页面时，第一个文本框用于输入密码，第二个文本框用于重复输入密码，如图 1 - 6 所示。

步骤 7：开始安装，安装过程如图 1 - 7 所示。

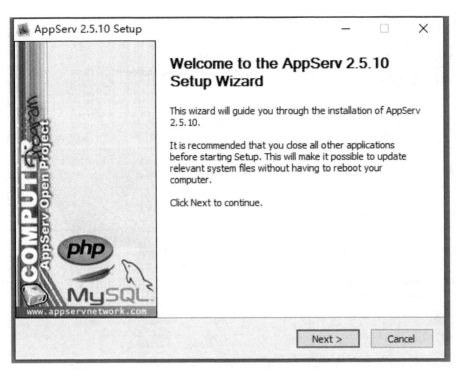

图 1 - 1　安装 AppServ 步骤 1 对话框

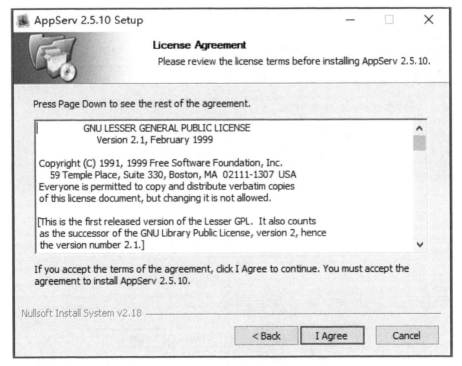

图 1 - 2　同意对话框

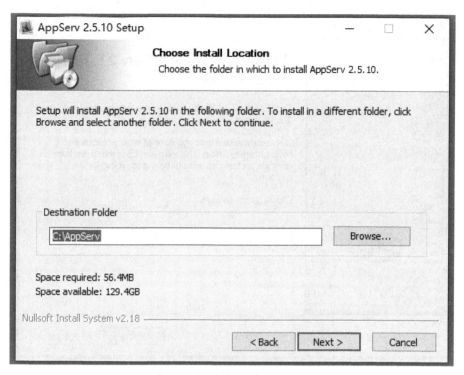

图 1-3 安装 AppServ 路径

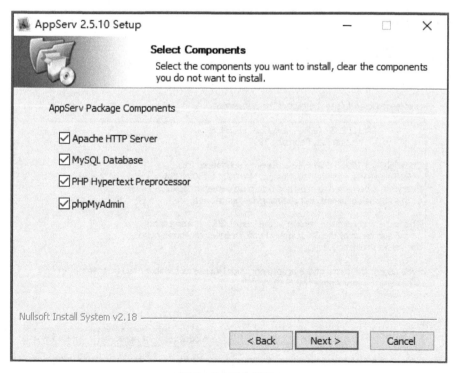

图 1-4 四个模块

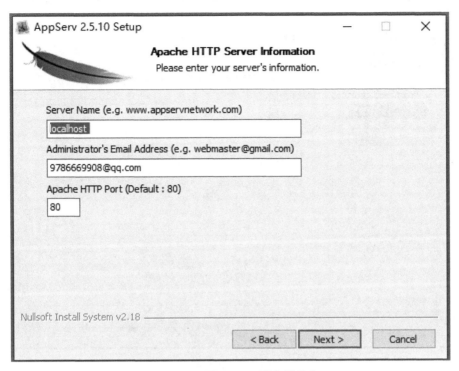

图 1-5　设置 Apache 服务器信息

图 1-6　设置 MySQL 服务器信息

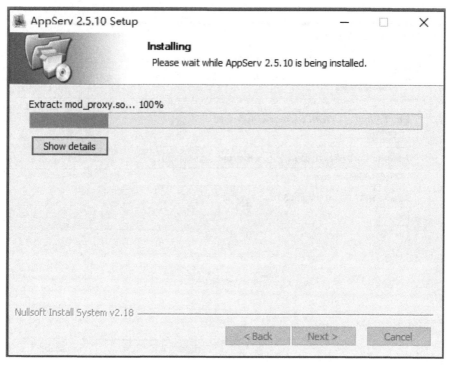

图 1-7　安装过程

步骤 8:安装完成,默认勾选 Start Apache、Start MySQL,单击 Finish 按钮,如图 1-8 所示。

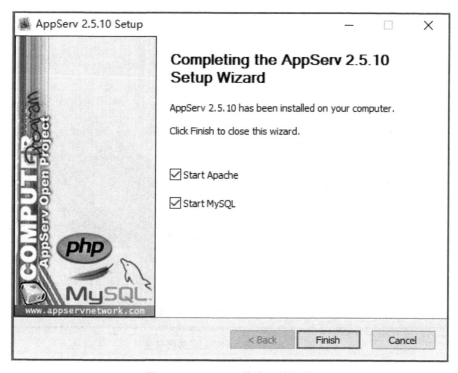

图 1-8　AppServ 软件安装完成

安装完成后,测试安装是否正确,在浏览器地址栏中输入 http://localhost/index. php,然后按 Enter 键,若能打开如图 1-9 所示的主页面,则说明安装成功。

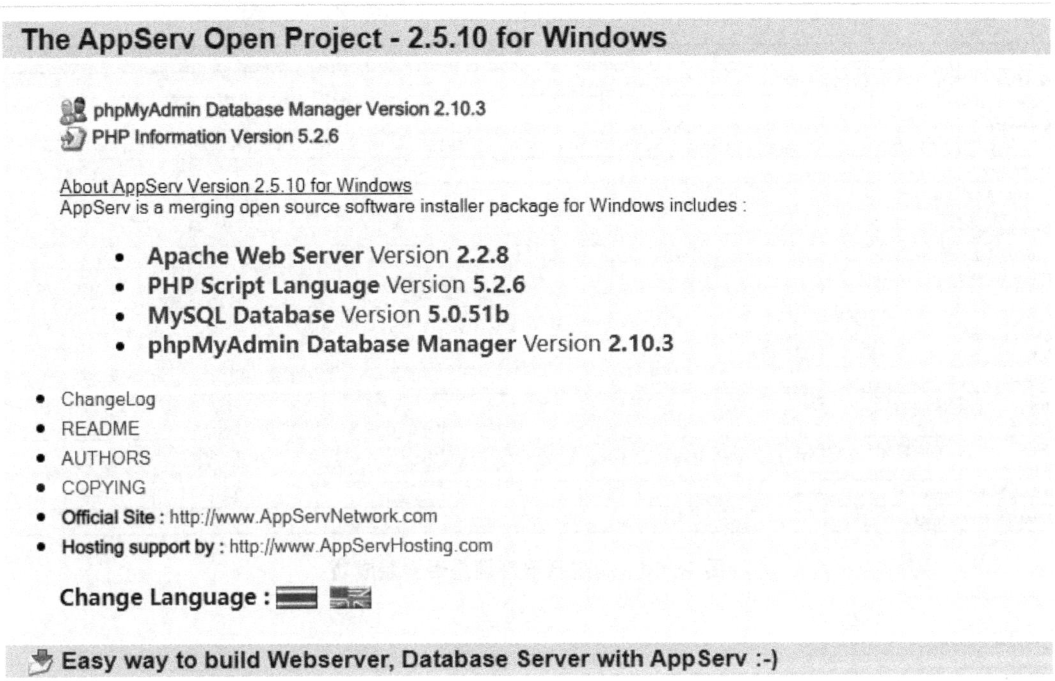

The AppServ Open Project - 2.5.10 for Windows

phpMyAdmin Database Manager Version 2.10.3
PHP Information Version 5.2.6

About AppServ Version 2.5.10 for Windows
AppServ is a merging open source software installer package for Windows includes :

- **Apache Web Server** Version **2.2.8**
- **PHP Script Language** Version **5.2.6**
- **MySQL Database** Version **5.0.51b**
- **phpMyAdmin Database Manager** Version **2.10.3**

- ChangeLog
- README
- AUTHORS
- COPYING
- **Official Site :** http://www.AppServNetwork.com
- **Hosting support by :** http://www.AppServHosting.com

Change Language :

Easy way to build Webserver, Database Server with AppServ :-)

图 1-9　测试安装成功页面

要测试 PHP 环境是否可以正常运行,可以在文档根目录"C:\AppServ\www"下创建一个扩展名为 test. php 的文本文件,内容如下:

```php
<?php
  phpinfo();
?>
```

打开浏览器,在地址栏中输入网址 http://localhost/test. php,并运行该文件,界面如图 1-10 所示,说明开发环境安装成功。

安装成功后,要了解目录结构(见图 1-11),需明晰几个问题,例如,写好的网站文件存放在哪个目录下,服务器的配置文件是哪个,如何修改配置文件等。其实,对于初学者而言,只要重点掌握 www 目录即可。

接下来,需要掌握核心组件的位置,默认需要掌握的目录结构如下。

1. Apache 服务器

安装位置:C:\AppServ\Apache2. 2\bin\httpd. exe。

主配置文件:C:\AppServ\Apache2. 2\conf\httpd. conf。

2. MySQL 服务器

安装位置:C:\AppServ\MySQL\bin\mysql. exe。

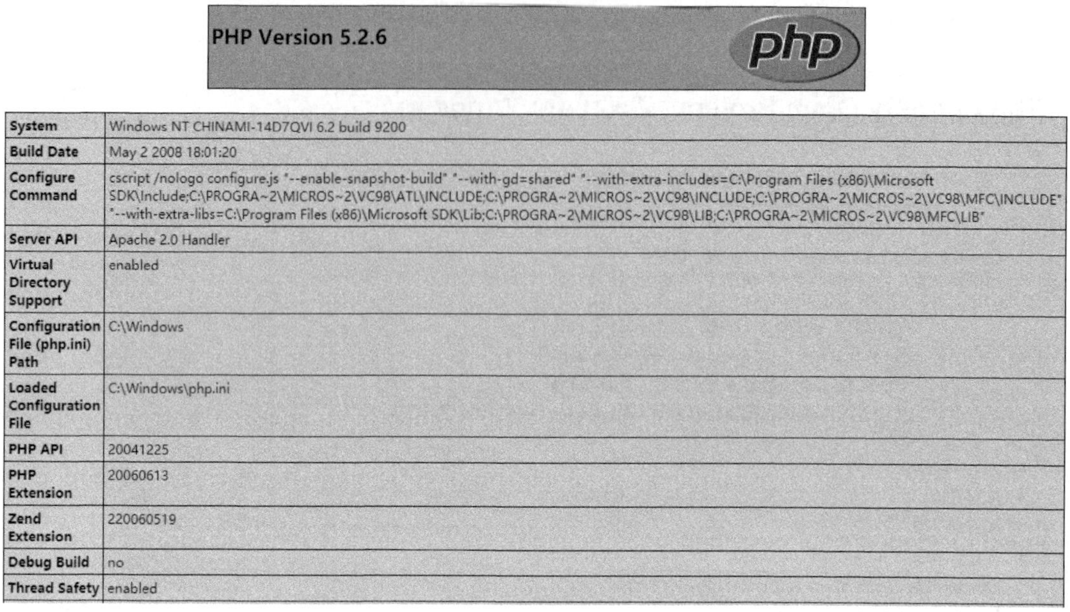

PHP Version 5.2.6

System	Windows NT CHINAMI-14D7QVI 6.2 build 9200
Build Date	May 2 2008 18:01:20
Configure Command	cscript /nologo configure.js "--enable-snapshot-build" "--with-gd=shared" "--with-extra-includes=C:\Program Files (x86)\Microsoft SDK\Include;C:\PROGRA~2\MICROS~2\VC98\ATL\INCLUDE;C:\PROGRA~2\MICROS~2\VC98\INCLUDE;C:\PROGRA~2\MICROS~2\VC98\MFC\INCLUDE" "--with-extra-libs=C:\Program Files (x86)\Microsoft SDK\Lib;C:\PROGRA~2\MICROS~2\VC98\LIB;C:\PROGRA~2\MICROS~2\VC98\MFC\LIB"
Server API	Apache 2.0 Handler
Virtual Directory Support	enabled
Configuration File (php.ini) Path	C:\Windows
Loaded Configuration File	C:\Windows\php.ini
PHP API	20041225
PHP Extension	20060613
Zend Extension	220060519
Debug Build	no
Thread Safety	enabled

图 1－10　测试 PHP 环境是否安装成功

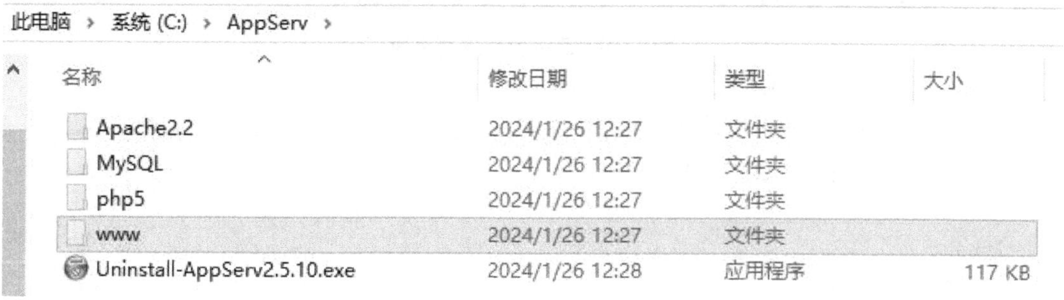

图 1－11　目录结构

配置文件：C：\AppServ\bin\my. ini。

数据文件存放位置：C：\AppServ\MySQL\data。

3. PHP 模块

安装位置：C：\AppServ\php5。

配置文件：C：\Windows\php. ini。

4. PhpMyAadmin 数据库管理软件

安装位置：C：\AppServ\www\PhpMyAadmin。

配置文件：C：\AppServ\www\PhpMyAadmin\config. inc. php。

1.3 PhpStorm 编辑器的安装、激活与调试

在 PHP 开发环境安装完毕后,需要安装编辑器,即用来编辑代码的软件。本书以 PhpStorm 软件为例进行安装,PhpStorm 软件有很多版本,也比较容易获取。

1.3.1 安装 PhpStorm 编辑器

双击下载好的 PhpStorm 软件(PhpStorm - 2021.2.exe),并按照提示安装。具体步骤 如图 1 - 12 所示。

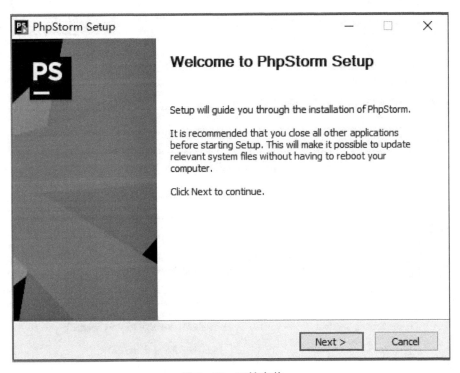

图 1 - 12 开始安装

步骤 1:单击 Next 按钮,跳到下一个对话框。

步骤 2:选择安装路径,默认的路径是 C:\Program Files\JetBrains\PhpStorm 2021.2, 也可以安装在其他目录下,如图 1 - 13 所示。

步骤 3:安装选择,可根据自己需求勾选选项,比如勾选桌面快捷方式,如图 1 - 14 所示。

步骤 4:快捷方式被存放在开始菜单默认的"JetBrains"文件夹中,安装完成后,开始菜单 中有文件夹"JetBrains"及文件"PhpStorm",如图 1 - 15 所示。

步骤 5:开始安装,稍等片刻就能完成安装,如图 1 - 16 所示。

步骤 6:安装完成,如图 1 - 17 所示。

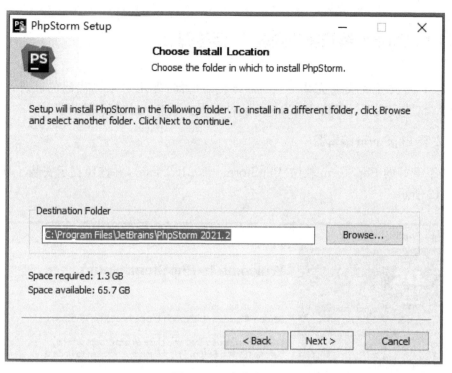

图 1‑13　安装路径

图 1‑14　PhpStorm 编辑器安装选项

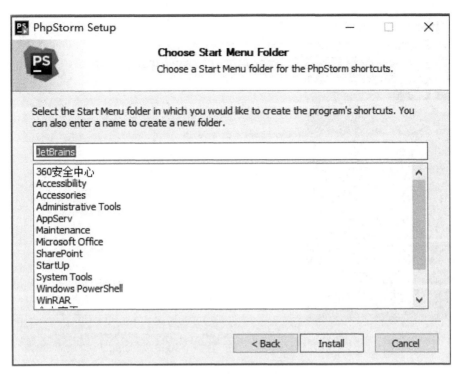

图 1‑15 开始菜单文件夹

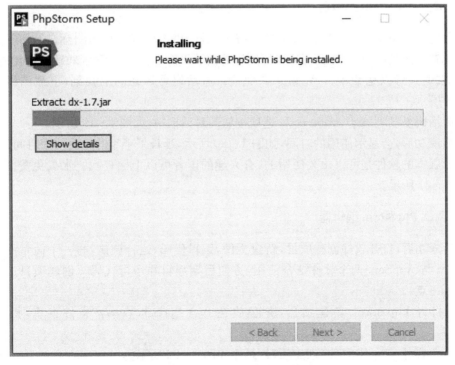

图 1‑16 PhpStorm 编辑器安装过程

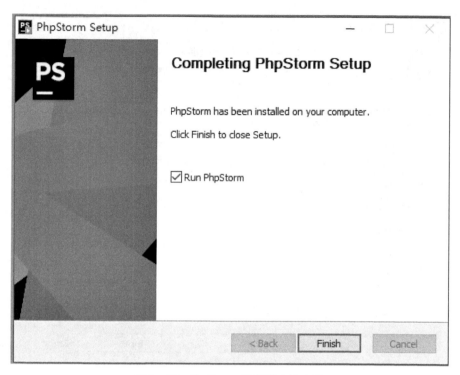

图 1-17　PhpStorm 编辑器安装完成

1.3.2　激活 PhpStorm 编辑器

既可以通过单击"完成"按钮直接打开编辑软件,也可以双击桌面图标进行打开。由于软件的免费使用期限只有 30 天,所以需要利用激活码对软件进行激活来延长使用时间,激活后,免费时长可以是半年、一年或永久免费。激活码可以在网上找到,下载的激活码如图 1-18 所示。

将激活码复制到 Activation code 选项按钮的对话框中,如图 1-19 所示。

激活成功后,会显示使用的时间,如图 1-20 所示,延长了半年的免费使用时间。

部分版本的软件是可以永久使用的,有兴趣的读者可以上网查找。永久免费使用的界面如图 1-21 所示。

1.3.3　调试 PhpStorm 编辑器

激活成功后,打开软件创建项目,新建文件,编辑代码,运行调试,写一个简单的案例将 PhpStorm 与 AppServ 两个软件结合使用,方便后期编辑并运行代码。创建项目过程需要注意以下三点。

(1) 打开 PhpStorm,新建项目,务必放在 C:\AppServ\www 文件夹里,操作步骤如下。

步骤 1:单击 New Project 创建项目,具体如图 1-22 所示。

图 1‑18　下载的激活码

图 1‑19　复制激活码

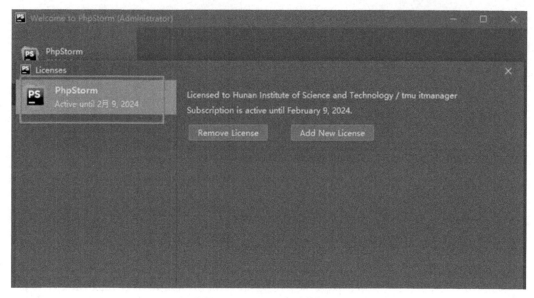

图 1 - 20　半年免费使用

图 1 - 21　永久免费使用

步骤 2：设置路径，由于文件默认的根目录在 www 中，所以文件的路径必须选择 C：\AppServ\www 路径，单击 OK 按钮，再单击 Create 按钮，如图 1 - 23 所示。

步骤 3：单击步骤 2 的"创建"按钮后，会弹出如图 1 - 24 所示的对话框，选择第一个按钮，从现有资源创建。

步骤 4：创建完成后，编辑器项目中的目录如图 1 - 25 中灰色框所示。

如需要新建文件夹或文件，直接在 C：\AppServ\www 中右击可新建 test. php 文件，如图 1 - 26 所示。

（2）汉化软件。创建好文件后，可以编辑代码、调试代码，这时要用到菜单，由于软件是英文版，可以汉化，前提是需要连网。操作步骤：打开文件 File|Settings|Plugins，右边有很多组件，可以自动安装，选中"汉"字图标，即 Chinese（Simplified）Language，中文简体语言，单击 Install 按钮自动安装，如图 1 - 27 所示。

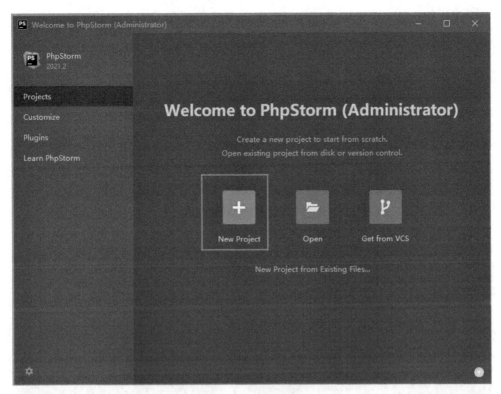

图 1 - 22 新建项目

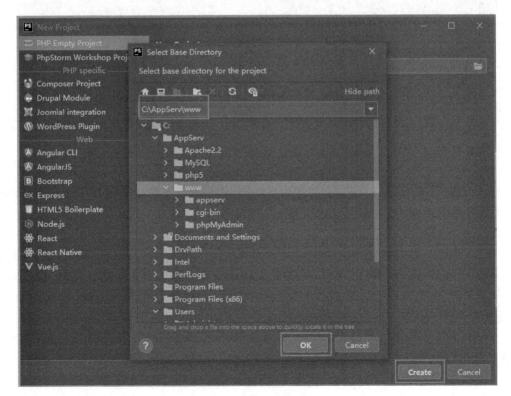

图 1 - 23 设置路径

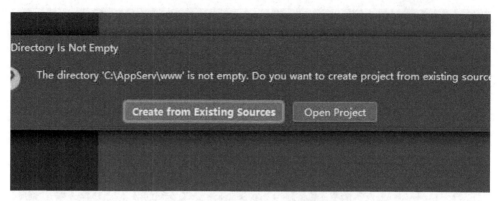

图 1 - 24 从现有资源创建

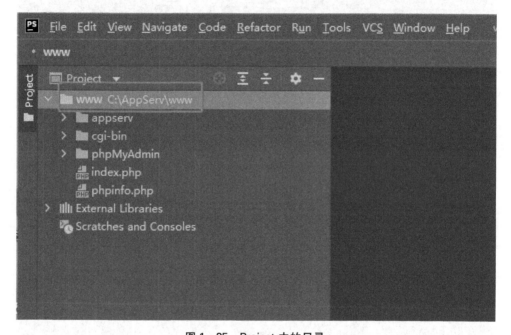

图 1 - 25 Project 中的目录

安装完成后,由于软件有更新,会弹出对话框,此时需要重新启动软件,单击 Restart 按钮,如图 1 - 28 所示。

重启后,呈现出的就是汉化好的 PhpStorm 编辑器,如图 1 - 29 所示。

(3) 经过上一步的汉化操作,服务器的配置得以更加便捷,这不仅有利于调试,对代码的运行也十分有利。写好一个文件,需要把它放到 www 目录中,并在浏览器地址栏输入 http://localhost/test.php 才能运行,当网页文件有很多时,每次都要到地址栏输入文件名,特别是路径很长或文件名很长时,很容易出错。基于此,需要配置服务器,配置好后,可以直接在编辑窗口右上角显示各种浏览器,选中系统中有的浏览器直接运行,不必到浏览器中输入很长的路径再运行。配置服务器操作步骤如下。

步骤 1:在菜单栏中打开文件|"设置"|"构建、执行、部署"|"部署"|"本地或挂载文件夹"(见图 1 - 30)。

图 1-26　新建 test.php 文件

图 1-27　安装插件

图 1-28　重启软件

图 1-29　汉化完成

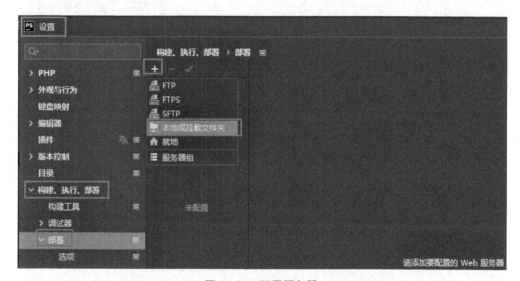

图 1-30　配置服务器

步骤 2：单击"＋"号，选择本地或挂载文件夹，弹出对话框，创建新服务器名称，根据要求输入服务器名称，如 Myweb，如图 1-31 所示。

图 1-31　输入服务器名称

步骤 3：在输入完服务器名称后，单击"确定"按钮，随即会弹出新对话框，然后连接服务器根目录（见图 1-32），在文件夹的文本框中选择 C：\AppServ\www 目录，先后单击下面的"应用"和"确定"按钮，就能配置好服务器。

图 1-32　连接服务器

（4）调试浏览器。在服务器配置完成后，写好的代码开启调试流程，此过程中涉及的浏览器较多，PhpStorm 默认的是 IE 和 edge 浏览器，如图 1-33 所示。

图 1-33　浏览器运行界面

有些读者可能更喜欢用谷歌或遨游浏览器，根据读者的需要，可以添加喜欢的浏览器，以 Chrome 浏览器为例，具体操作步骤如下。

步骤 1：单击图 1-33 中的谷歌浏览器，由于没有配置谷歌浏览器，所以会弹出找不到 Chrome 文件的对话框，如图 1-34 所示。

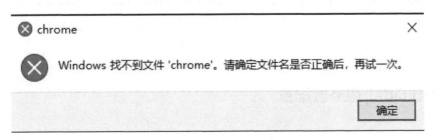

图 1-34　找不到 Chrome 文件的对话框

步骤 2：单击"确定"按钮，弹出浏览器错误对话框，单击"修正"按钮，如图 1 - 35 所示。

图 1 - 35　浏览器错误

步骤 3：单击"修正"按钮后，弹出 Web 浏览器和预览对话框，此时选中 Chrome 前面的方框，将 Chrome 浏览器的地址复制到路径处的文本框中，单击"确定"按钮，即可用 Chorme 浏览器来调试代码，如图 1 - 36 所示。

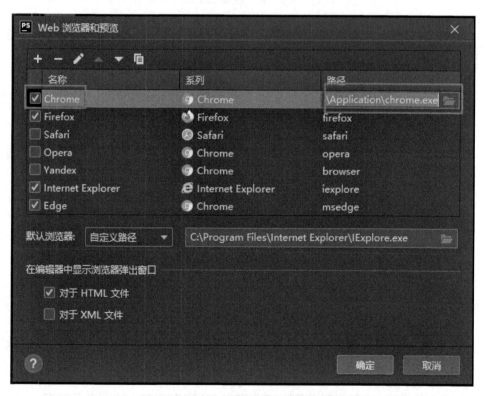

图 1 - 36　设置 Chrome 路径

1.4　Hbuilder 服务器配置

Web 前端基础采用当前较流行的国产软件 Hbuilder 来编写代码，其同样能用于 PHP

代码的编写。由于 PHP 代码需要在服务器端运行，所以必须配置服务器。Hbuilder 配置服务器的原理和 PhpStorm 一致，都是将编辑好的文件存储在 www 根目录下，在外部服务器中运行。

通过讲解 Hbuilder 服务器配置，一方面考虑部分读者习惯性用 Hbuilder 软件编写代码，另一方面能对 PhpStrom 配置服务器的原理加以巩固。Hbuilder 软件配置服务器相对简单，与前面学过的前端代码一致。新建项目，将 PHP 文件存放在 C:\AppServ\www 中，在编辑代码和运行调试时，需要配置外部服务器，具体操作步骤如下。

步骤 1：与 PhpStorm 一样，创建 Web 项目，在位置文本框中选择 C:\AppServ\www，项目名称根据需要填写，比如 Web，如图 1-37 所示。

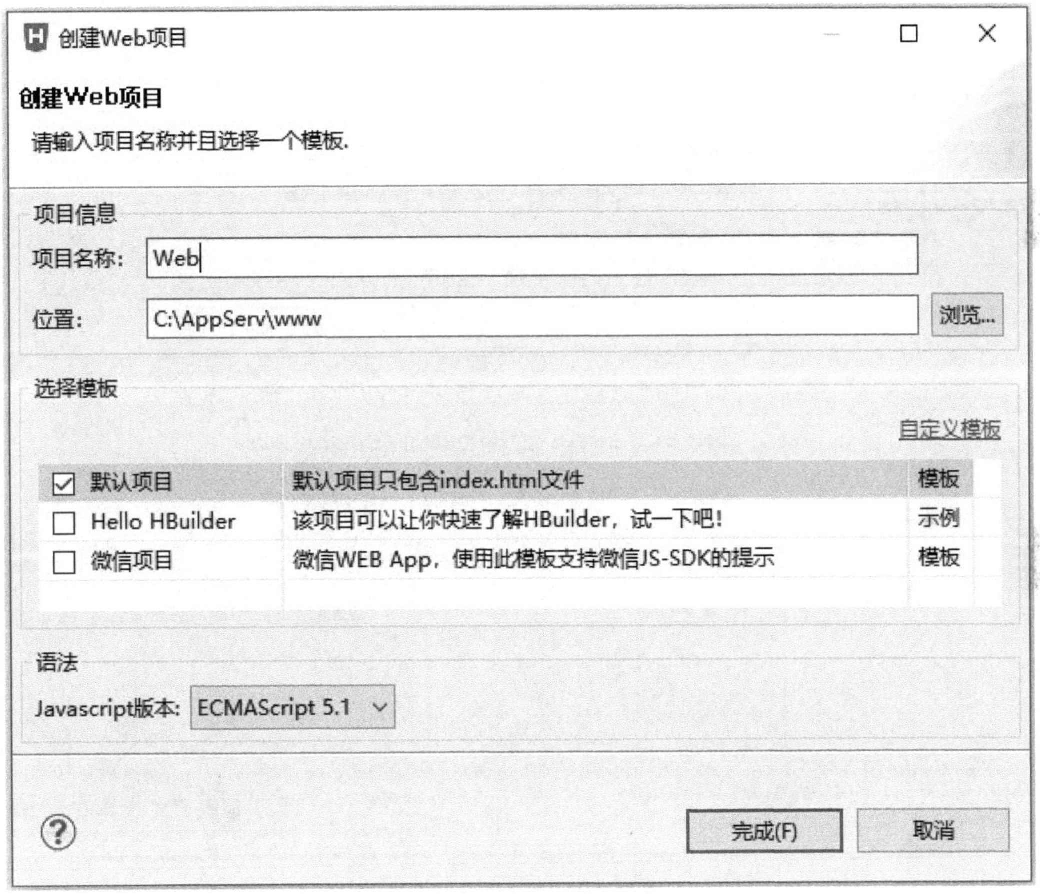

图 1-37　创建 Web 项目

步骤 2：新建好 test.php 文件，然后打开运行菜单，选择浏览器运行，再选择设置 Web 服务器，弹出 Web 服务器对话框，如图 1-38 所示。

步骤 3：在对话框中，单击 Web 服务器，可以看出所有文件都是内部服务器，如图 1-39 所示。

步骤 4：由于 PHP 类文件需要外部服务器才能运行，所以需要再次单击图 1-39 中的外置 Web 服务器选项，新建外部服务器，如图 1-40 所示。

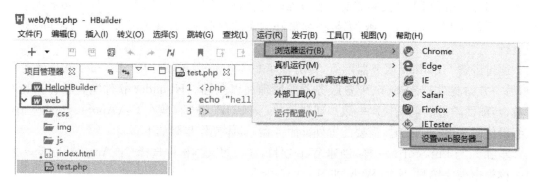

图 1‑38 浏览器运行

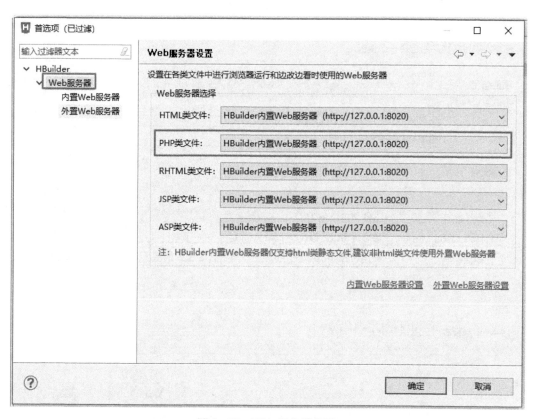

图 1‑39 Web 服务器设置

步骤 5：在编辑 Web 服务器配置对话框中输入名称及浏览器运行的地址 http://localhost，然后单击"确定"按钮即可（见图 1‑41）。

步骤 6：再单击 Web 服务器选项，可以看出 PHP 类文件有自己的外部服务器，即 Myweb(http://localhost)，如图 1‑42 所示。

至此，外部服务器已配置好，与 PhpStorm 编辑器一样，可以直接单击编辑器工具栏的浏览器运行代码。

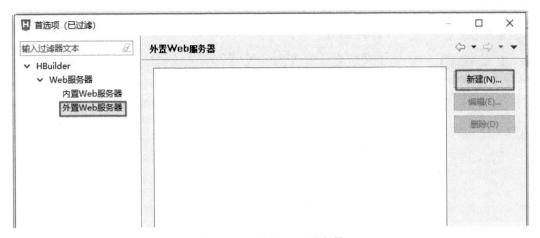

图 1‑40　外置 Web 服务器

图 1‑41　编辑 Web 服务器

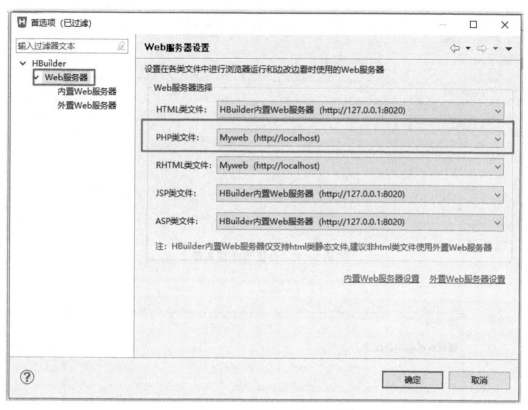

图 1-42 查看 PHP 类文件外部服务器

1.5 案例分析与调试

根据 1.3 节和 1.4 节搭建好的开发环境,本节通过案例分析进一步调试 PHP 开发环境及 PhpStorm 软件是否成功安装并正常运行。另外,引出 PHP 常用的全局变量及语法基础。

按照 1.3 节的要求新建两个页面:一个是 one.php 页面,另一个是 two.php 页面。one.php 作为一个表单所在页面,表单中文本框的值会提交给 two.php 页面。one.php 主要代码如下:

```
<form id="f1" name="form1" action="two.php" method="post">
    我的姓名:<input type="text" name="user" id="t1"><br>
我的专业:<input type="text" name="major" id="t2">
<input type="submit" name="sub" id="s1" value="提交">
</form>
```

在学习前端过程中,表单提交数据的方式是 post,所以在 two.php 页面中的全局变量是

$_POST,通过这个全局变量来接收 one. php 页面传递过来的姓名与专业值。two. php 的代码如下：

```
<meta charset="utf-8">
<?php
    echo "我的姓名是:".$_POST['user'];
    echo "<br>";
    echo "我的专业是:".$_POST['major'];
    ?>
```

运行结果在 two. php 页面中显示 one. php 页面传递过来的值,即文本框中输入的姓名和专业名称。从本案例中得知 PHP 的基础语法、PHP 代码与 HTML 不一样,它的代码要放在<?php　?>中间,这组符号是 PHP 的分隔符,也是区别于其他语言的标记。PHP 的变量以 $ 开头,输出语句是 echo,具体语法内容将在第 2 章学习。

思政小课堂

(1) 要学好开发,切记夯实计算机、设计方面的基础知识。

(2) 如果想要深入开发 Web 游戏、平台数据管理、交互功能,那么就要学好数学知识。

(3) 学会打造有质量的项目,即便有些技术缺乏条件,创建条件也要用上。

(4) 避免只会做代码的搬运工,要尝试开发属于自己的案例。

(5) 要敢于走出自己的安逸区,敢于去迈上更高的人生台阶。

(6) 多去查阅学习资料、多去接触新技术。

第 1 章　拓展学习　　　　　习题 1

第2章

PHP 基础知识

PHP 是基于服务器端的脚本程序语言,其可以实现数据库和网页之间的数据交互。PHP 语言既可以单独运行,也能嵌入 HTML 文件中,这样,程序员无须完全依赖 HTML 来生成网页。因为 PHP 语言的执行全部在服务器端,所以客户端是看不到 PHP 代码的。本章重点介绍 PHP 的基本知识点,比如 PHP 变量、数据类型、运算符与表达式。

学习目标

(1) 掌握 PHP 变量定义、命名方式、命名规则。
(2) 掌握 PHP 常见的数据类型。
(3) 掌握 PHP 运算符与表达式及运算符优先级。

思政目标

(1) 全面提高编程技能和编程素养。
(2) 深化对 PHP 开发岗位的认识,培养良好的编程规范和职业习惯。
(3) 培养 PHP 语法规范操作、高标准、严要求的开发岗位素养。

2.1 PHP 基本语法

PHP 的语法与 C、C++等语言的语法很相似,有 C 语言基础的读者可以非常轻松地掌握 PHP 的基本语法。对于没有任何语言基础的读者,也是值得庆幸的,因为那样不会受其他语言的干扰,可以更快速地接受 PHP 的语法。事实上,PHP 的语法并不复杂,再加上 PHP 提供了大量的预定义函数,使 PHP 开发事半功倍。通过本章节的学习,读者会发现 PHP 很容易学习和掌握,并且应用起来也很快速、方便。本节将介绍一些简单的 PHP 语法。

2.1.1 PHP 分隔符

由于 PHP 属于嵌入式脚本语言,需要使用某种分隔符把 PHP 代码和 HTML 的内容予以区分,这里所说的分隔符就是"<?php"和"?>",它们把 PHP 代码包含在内,也就是说,所有 PHP 代码都应该写在"<?php"和"?>"之间。代码如下:

```php
<?php
echo "hello php";
?>
```

注意：凡是处于"<?php"和"?>"标签里面的内容，PHP 分析器都会将其认定为 PHP 代码，并试着加以分析并且执行，然而这对标签以外的内容将会被忽略。

2.1.2　PHP 注释

程序中的注释是指在一个程序文件中，对一个代码块或一条程序语句所做的文字说明，注释是给开发人员看的，因此，程序中的注释会被计算机忽略而不会被执行。PHP 中的主要注释风格如下。

（1）使用符号"//"添加一个单行的注释；

（2）使用符号"#"添加一个单行的注释；

（3）使用"/*"和"*/"添加一个多行的注释，也可以用来添加单行注释。

【案例 2-1】

```php
<?php
echo "Hello PHP";    //这里是一个单行注释
/*
这里是多行注释
echo "Hello PHP";
echo "Hello Word";
*/
?>
```

2.2　PHP 的变量

2.2.1　变量的定义

在程序运行过程中，发生变化的量叫作变量，即在程序中可以改变的数据量。变量必须有一个名字，用来代表和存放变量的值。PHP 中使用美元符"$"后跟变量名来表示一个变量，如 $var，$name 就是变量。

2.2.2　变量的命名规则

变量由字母、数字、下划线构成，且第一个符号不能是数字。比如 $user，$_user 都是正确的命名方式，但 $1user 是错误的，因为不能以数字开头。

PHP 中的变量名是区分大小写的，因此，$ var 和 $ Var 表示的是两个不同的变量。

2.2.3 变量的命名方式

变量的命名方式有两种：一种是驼峰命名法，比如用户名变量 $ userName，首字母是小写，即小驼峰；$ UserName，首字母是大写，即大驼峰。另一种是下划线命名法，比如 $ user_name 也代表用户名变量。代码如下：

```
$UserName="张三";
echo $UserName."<br>";
$user_name='李四';
echo $user_name."<br>";
```

2.3 PHP 的数据类型

PHP 属于弱类型语言。一般而言，变量的数据类型不用开发人员指定，PHP 会在程序执行过程中，根据它的值，自动把变量转换为正确的数据类型。比如，"$ var＝100;"说明变量是整型；"$ string＝"hello";"说明变量是字符类型；"$ array＝array(1,2,3,4,5);"说明变量是数组类型。PHP 的变量主要有整数类型、浮点类型、字符串类型、布尔类型、数组类型及对象类型。以下将介绍简单的变量类型，在后面章节会详细地讲解数组类型和对象类型。

2.3.1 整数类型(integer)

简单的变量整型是直接将一个整数赋值给变量，比如分别定义三个整型变量，四条语句，其中第四条语句再次给变量 a 赋值，变量 a 最新存放的值是 -100。

代码如下：

```
$a=10;
$b=20;
$c=30;
$a=-100;
```

2.3.2 浮点类型(float)

PHP 中浮点数的表示形式有两种，即十进制形式和指数形式。浮点数由数字和小数点组成，如 3.14159 等。以下是十进制表示形式，即指定浮点型变量。

```
$f1=1.234;
$f2=3.14159;
```

也可以用指数形式的浮点数表示,代码如下。

```
$f=1.2e3;  //表示将 1.2 乘 10 的 3 次方赋值给变量$f
```

2.3.3 字符串类型(string)

多个字符形成一个字符串,比如 'zhangsan' 就是一个字符串。在 PHP 中用双引号" "或单引号' '指定一个字符串赋值给字符串变量。示例代码如下:

```
$s1='hello';
$s2="hello php";
```

2.3.4 布尔类型(boolean)

布尔类型是最简单的数据类型,它只有两个取值,为 TRUE(或 1)和 FALSE(或 0)。这两个值都不区分大小写。TRUE(或 1)表示真值,FALSE(或 0)表示假值。例如定义两个布尔型变量,代码如下。

```
$b1=true;   //为变量 b1 设置值为 true;
$b2=FALSE;  //为变量 b2 设置值为 false;
```

2.4 PHP 表达式与运算符

2.4.1 表达式

表达式是将运算符与运算数连接构成的运算式。比如"＄a＝10;"就是一个赋值表达式,其含义是将数字 10 赋值给变量＄a。根据运算数的个数,如一个、两个、三个分别对应运算符为单目运算、双目运算、三目运算。

常用的单目运算有取反、自增、自减等,示例代码如下:

```
<?php
$a=0;          // 变量$a 的值为 0,即假值
$b=!$a;        //做单目运算,对$a 取反,赋值给$b,$b 的值为真值
echo $b. "<br>";  // 输出$b 的值,为真值 1
$a=11;         //重新给变量$a 赋值
$b=++$a;       //做单目运算,变量$a 自己增加 1,$a 等于 12,然后再赋值给变量$b
echo $b;       //变量$b 的值 12
?>
```

常用的双目运算有关系运算、赋值运算、逻辑运算等,示例代码如下:

```
$a=10;
$b=20;
$a>$b;    // 表达式不成立,其值为空或 0
$a<$b;    //表达式成立,其值为 1
```

三目运算主要是条件表达式通过"?"和":"两个运算符将三个运算数连接起来,形成条件表达式,示例代码如下:

```
$a=12;
$b=20;
$c=$a>$b?$a:$b;    //问号前面是判断$a 是否大于$b,若是,则将$a 的值赋给$c,若不是,则
将$b 的值赋给$c
echo $c."<br>";    // 由于$a 小于$b,所以$c 的值是$b 的值 20
```

2.4.2 运算符

运算符是指用来说明数据进行何种运算的符号,如"+""%""!"等都是运算符。常用的运算符有算术运算符、关系运算符、逻辑运算符、位运算符、条件运算符、赋值运算符等,2.4.1 节已举例说明了赋值运算、关系运算、条件运算等。本节重点讲解比较难理解的运算符,比如自增、自减等。

1. 算术运算

PHP 的算术运算符有加(+)、减(-)、乘(*)、除(/)和取模(%),这些运算符很简单,类似于数学计算,示例代码如下:

```
$a=5;
$b=2;
$c=$a+$b;    //变量$a 和变量$b 相加赋值给变量$c,$c 的值为 7
$d=$a%$b;    //变量$a 和变量$b 取余赋值给变量$d,$d 的值为 1
```

2. 比较运算

PHP 的比较运算符用来比较两个数的大小,它包括大于、大于等于、小于、小于等于、等于、不等于、全等于。其主要运算符及结果通过表 2-1 举例说明。

表 2-1　比较运算符

运算符及名称	举例	结　果
==(等于)	$a==$b	若 $a 等于 $b,则 Sa==$b 的值为 TRUE
!=(不等于)	$a!=$b	若 $a 不等于 Sb,则 Sa!=$b 的值为 TRUE

（续表）

运算符及名称	举例	结　　果
===（全等于）	$a===$b	若 $a 等于 $b，并且它们的类型也相同，则 $a===$b 的值为 TRUE
>（大于）	$a>$b	若 $a 大于 $b，则 $a>$b 的值为 TRUE
>=（大于等于）	$a>=$b	若 $a 大于或者等于 $b，则 $a>=$b 的值为 TRUE
<（小于）	$a<$b	若 $a 小于 $b，则 $a<$b 的值为 TRUE
<=（小于等于）	$a<=$b	若 $a 小于或者等于 $b，则 $a<=$b 的值为 TRUE

3. 字符串运算

字符串运算符只有一个，即字符串连接符"."，这个符号用来连接两个或两个以上字符串形成一个新的字符串。示例代码如下：

```
$str1='hello';
$str2='php';
$str=$str1.$str2;
echo $str;      //$str 等于 hello php
$str.='hello php';  //表达式等价于 $str=$str.'hello php';
echo $str;
```

4. 自增、自减运算

PHP 和 C 语言一样，具有相同的自增、自减运算符。自增是指对当前表达式的值自动增加 1；相反，自减是指对表达式的值自动减 1。本节介绍整数表达式的自增、自减运算。自增有两种情况，即 ++ 在变量前与变量后，自减也是如此，因此有 4 种情况，如 $a++、++$a、$a――、――$a，其运算顺序如下。

（1）$a++。先返回 $a 的值，再将 $a 的值加 1，表达式的值不变。

（2）++$a。先将 $a 的值加 1，再返回 $a 的值，表达式的值加 1。

（3）$a――。先返回 $a 的值，再将 $a 的值减 1，表达式的值不变。

（4）――$a。先将 $a 的值减 1，再返回 $a 的值，表达式的值减 1。

在上述 4 种方式中，掌握自增、自减的先后顺序即可。另外，强调变量本身无论如何都会加 1 或减 1，但整个表达式还要看 ++ 或 ―― 的位置。主要示例代码如下：

```
$a=10;
$b=++$a;
//无论是++在变量$a 的前面还是后面，$a 会自动增加 1，$a=$a+1；$a 的值为 11，表达的值
++$a 也为 11，即$b=11。
echo $a."<br>";
echo $b."<br>";
```

```
$c=$a++;    //上面的结果$a=11,这里$a 自增1,即$a=12;而表达式$a++这个整体并不加1,即
$c=11。
echo $a."<br>";
echo $c."<br>";
$a=8;       // 重新给变量$a 赋值
$b=--$a;    //无论--是在变量$a 的前面还是后面,$a 都会自动减1,$a=$a- 1;$a 的值为
7,表达的值--$a 也为 7,即$b=7。
echo $a."<br>";
echo $b."<br>";
$c=$a--;    //根据上面的结果$a=7,这里$a 自减1,即$a=6;而表达式$a--这个整体并不减1,
即$c=7。
echo $a."<br>";
echo $c."<br>";
```

5. 逻辑运算

PHP 的逻辑运算是对两个运算数做逻辑与、逻辑或、逻辑非等操作,运算符包括逻辑与&&(或 and)、逻辑或||(或 or)、逻辑非!。示例代码如下:

```
$a=false;
echo !$a;    //$a 的值为假,所以!$a 的值为真,即输出值为 1
(10>8) || ('a'>'b')
// (10>8)为真,('a'>'b')为假,由于是做逻辑或运算,整个表达式的值为真
(10>8) && ('a'>'b')
// (10>8)为真,('a'>'b')为假,由于是做逻辑与运算,整个表达式的值为假
```

6. 运算符的优先级

运算符有优先级,当表达式中有多种运算符同时出现时,哪种先算、哪种后算是有规则顺序及优先级的。一般是按照从左到右的顺序进行运算的,少数优先级相同的运算符按照从右到左的顺序运算,如赋值运算符,在表 2-2 中有备注。单目运算符的优先级最高,逗号表达式的优先级最低,具体顺序请查看表 2-2。

表 2-2　常见运算符优先级与结合方向

优先级(从高至低)	各种常见运算符的优先级与结合方向运算符	结合方向
1	(前置)++,－ －	
2	! ～	
3	* / %	
4	＋ － .	
5	<< >>	
6	< <= > >=	

（续表）

优先级（从高至低）	各种常见运算符的优先级与结合方向运算符	结合方向
7	==　!=　===　!==	
8	&	
9	|　^	
10	||　&&	
11	?:	
12	＝（赋值运算符包含＋＝　.＝　*＝）	右结合
13	or　and　xor	

思政小课堂

（1）尊重知识产权，确保代码中使用的所有库和框架都是开源的，并遵守使用规则。

（2）不传播误导性信息，避免编写可能导致误解或误导他人的代码。

（3）切忌死记硬背、生搬硬套，要深入理解代码背后的原理。

第 2 章　拓展学习　　　　　　习题 2

第3章

PHP 流程控制语句

第2章主要讲解了变量与表达式,好比语文科目中的字和词。本章讲解的控制语句类似于语文中的句子,多行句子变成段落,多个段落变成文章,多篇文章编辑成书本。而 PHP 语言也有类似的思路,从变量到表达式,多个表达式构成语句,多行语句构成网页,多个网页文件或文件夹形成网站。

流程控制语句主要是三种,即顺序、分支、循环三大结构。顺序结构很容易理解,即程序从第一条语句开始执行,直到最后一条执行完成退出程序。本章重点讲解分支语句(if 和 switch)、循环语句(while 和 for)。

🔖 学习目标

(1)掌握 if 语句格式及应用。
(2)掌握 switch 语句格式及应用。
(3)掌握 while 语句格式及应用。
(4)掌握 for 语句格式及应用。

🔖 思政目标

(1)通过理解并应用本章流程控制语句,培养大学生使用流程控制语句来解决实际问题,提高大学生的编程能力和逻辑思维能力。
(2)培养大学生树立正确的职业价值观。

3.1 if 语句

在 PHP 中,if 语句也称为选择语句或分支语句。在程序执行过程中,不是按照顺序从上到下执行的,而是根据条件有选择性地执行。若符合条件,则执行相应语句;若不符合条件,则不执行。if 语句有三种格式:单分支、双分支、多分支。

3.1.1 if 语句格式

1. 单分支 if 语句

单分支条件结构就是只有一个分支、一个选择,若条件符合,则执行 if 语句括号后面相应语句或语句块;若不符合,则跳出 if 语句,什么都不做。单分支 if 语句的语法格式如下:

```
if(表达式)
  {
   语句或语句块;
  }
```

单分支 if 语句的示例代码如下:

```
$a=30;
$b=20;
if($a<$b) //由于变量$a 大于变量$b,不符合条件,则 if 括号中的语句不执行
{
echo "变量 a 小于变量 b<br>";
}
```

2. 双分支 if-else 语句

双分支条件结构是在单分支基础上,增加了一个分支,变成了两个分支,即从两个条件中选择一个执行。若条件符合,则执行 if 大括号里的语句或语句块;若不符合,则执行 else 括号里面的语句或语句块。双分支 if-else 语句的语法格式如下:

```
if(表达式)
  {
语句或语句块 1;
  }
  else
  {
语句或语句块 2;
  }
```

双分支 if-else 语句的示例代码如下:

```
$a=30;
$b=20;
if($a>$b)
{
echo "变量 a 大于变量 b<br>";   // 条件符合,执行
}
else
{
echo "变量 a 小于变量 b 双分支<br>"; // 条件不符合,不执行
}
```

3. 多分支 if-elseif-else 语句

多分支结构是在双分支的基础上插入了 elseif 语句,即增加了一个或多个分支,就是从

多个条件中选择一个执行。若符合其中一个条件，则执行其后面括号里的语句或语句块。多分支 if-elseif-else 语句的语法格式如下：

```
if(表达式 1)
  {
  语句或语句块 1;
  }
elseif(表达式 2)
  {
  语句或语句块 2;
  }
……
elseif(表达式 n)
  {
  语句或语句块 n;
  }
else
  {
   语句或语句块 n+1;
  }
```

多分支 if-elseif-else 语句的示例代码如下：

```
$a=100;
$b=100;
if($a>$b)
{
echo "变量 a 大于变量 b<br>";
}
elseif($a==$b)
{
echo "变量 a 等于变量 b<br>";
}
else {
echo "变量 a 小于变量 b<br>";
}
```

3.1.2　if 语句案例应用

【案例 3-1】　判断成绩等级。在文本框中输入一个成绩，判断该成绩属于优秀、良好、合格、不合格中的哪个等级。代码如下：

```
<meta charset="utf-8">
<?php
//判断成绩等级
$s=$_GET['score'];
if($s>=85 && $s<=100)
    echo"成绩优秀<br>";
elseif($s>=70 && $s<85)
    echo"成绩良好<br>";
elseif($s>=60 && $s<70)
    echo"成绩合格<br>";
elseif($s>0 && $s<60)
    echo"成绩不合格<br>";
else
    echo"请输入要判断的成绩<br>";
?>
<form id="f1" name="f1" action="#" method="get">
    <input type="text" name="score" id="t1" value="<?php echo $s; ?>">
    <input type="submit" name="sub" id="s1" value="判断等级">
</form>
```

【案例 3-2】　根据系统时间,判断今天星期几。代码如下:

```
<?php
//判断今天星期几?
$day=date('D');   //星期一到星期日缩写 Mon Tue Wed Thu Fri Sat Sun
//echo $day;
if($day=='Mon')
    echo"今天星期一<br>";
elseif($day=='Tue')
    echo "今天星期二<br>";
elseif($day=='Wed')
    echo "今天星期三<br>";
elseif($day=='Thu')
    echo "今天星期四<br>";
elseif($day=='Fri')
    echo "今天星期五<br>";
elseif($day=='Sat')
    echo "今天星期六<br>";
elseif($day=='Sun')
    echo "今天星期日<br>";
```

```
else
    echo"日期格式有误<br>";
?>
```

【案例 3-3】 做一个简易计算器,该计算器具备加、减、乘、除、求余等功能,同时具备验证功能,比如做除法操作,除数和被除数只能是数字,且求余时除数不能为 0。代码如下:

```
<meta charset="utf-8">
<?php
//第二步,获取数据,其实是先写了第一步,由于变量运行原因,第一步放在了下一页
$num1=$_GET['num1'];
$opt=$_GET['opt'];
$num2=$_GET['num2'];
$count=$_GET['count'];
$result=0;
//第三步,计算
if(isset($count))
{
        if($opt=="+")
            $result=$num1+$num2;
        elseif($opt=='-')
            $result=$num1-$num2;
        elseif($opt=='*')
            $result=$num1 *$num2;
        elseif($opt=='/')
            $result=$num1/$num2;
        elseif($opt=='%')
            $result=$num1%$num2;
        else
            echo"非法操作<br>";
}
//第四步,验证
if(isset($count))
{
        if($num1=='')
            echo"第一个操作数不能为空<br>";
        else
        {
            if(!is_numeric($num1))
                    echo"第一个操作数只能为数字<br>";
```

```php
    }
    if($num2=='')
        echo"第二个操作数不能为空<br>";
    else
    {
        if(!is_numeric($num2))
            echo"第二个操作数只能为数字<br>";
        if(($opt=='/' or $opt=='%') && ($num2==0))
            echo"当操作符是除或求余时,第二个操作数不能为 0<br>";
    }
}
?>
<!--第一步,做简易计算器的框架   -->
<table align="center" width="500" border="1" cellpadding="0" cellspacing="0">
    <caption><h1>简易计算器</h1></caption>
<tr>
<form action="#" method="get" id="f1">
<td><input type="text" id="t1" name="num1" value="<?php echo $num1;?>"></td>
 <td><select name="opt" id="opt1">
 <option value="+" <?php if($opt=="+") echo "selected"; ?>>+</option>
 <option value="-" <?php if($opt=="-") echo "selected"; ?>>-</option>
<option value="*" <?php if($opt=="*") echo "selected"; ?>>*</option>
 <option value="/" <?php if($opt=="/") echo "selected"; ?>>/</option>
<option value="%" <?php if($opt=="%") echo "selected"; ?>>% </option>
</select>
</td>
<td><input type="text" id="t2" name="num2" value="<?php echo $num2;?>"></td>
<td><input type="submit" id="sub1" name="count" value="="></td>
</form>
</tr>
<tr align="center">
<td colspan="4">显示结果:<?php echo $num1.$opt.$num2.'='.$result;?></td>
</tr>
</table>
```

3.2　switch 语句

在 PHP 中,除了用 if-elseif-else 语句实现多分支结构,还可以使用 switch-case 语句。当条件能分类或分等级时,使用 switch-case 语句更简洁明了。本节将介绍 switch 语句的格式及其案例应用。

3.2.1　switch 语句格式

switch 语句是一种多分支结构,它根据一个表达式的值来选择执行不同的代码块。switch 语句的语法结构如下:

```
switch (表达式或变量)
{
    case 1:
    语句或语句块 1;
    break;
    case 2:
    语句或语句块 2;
    break;
     ……
    case n:
    语句或语句块 n;
    break;
    default:
    语句或语句块 n+1;
    break;
}
```

switch 语句首先要计算表达式的值,若表达式的值与 case 的值匹配,则执行 case 后面的语句,直到 break 跳出语句或整个 switch 结构。比如表达式或变量与 case 2 匹配,则执行 case 2 后面的语句,执行完遇到 break 就结束。switch 语句中的 default 相当于 if-elseif-else 语句中的 else,若前面的 n 个条件都不符合,则执行默认的最后的语句。

3.2.2　switch 语句案例分析

switch 语句的功能与 if - elseif - else 多分支语句的功能类似,下面举例说明。

【案例 3 - 4】　根据成绩判断属于哪个等级:优秀、良好、合格、不合格。代码如下:

```
$s=51;
$s=(int)($s/10);
switch ($s)
{
    case 10:
    case 9:
    case 8:
        echo"成绩优秀<br>";
        break;
```

```
    case 7:
        echo"成绩良好<br>";
        break;
    case 6:
        echo"成绩合格<br>";
        break;
    default:
        echo"成绩不合格<br>";
        break;
}
```

【**案例 3 - 5**】　根据系统时间,判断今天星期几。主要示例代码如下:

```
$day=date('D');
switch ($day)
{
    case 'Mon':
        echo"今天星期一<br>";
        break;
    case 'Tue':
        echo"今天星期二<br>";
        break;
    case 'Wed':
        echo"今天星期三<br>";
        break;
    case 'Thu':
        echo"今天星期四<br>";
        break;
    case 'Fri':
        echo"今天星期五<br>";
        break;
    case 'Sat':
        echo"今天星期六<br>";
        break;
    case 'Sun':
        echo"今天星期日<br>";
        break;
    default:
        echo"格式错误<br>";
        break;
}
```

【**案例 3 - 6**】 求某年某月有几天,比如输入 2023 年 8 月,判断 8 月有多少天。案例 3 - 6 的难点在于每年 2 月不一样,有时 28 天,有时 29 天,所以需要判断年份是否为闰年。代码如下:

```
$year=2023;
$month=8;
switch ($month)
{
    case 1:
    case 3:
    case 5:
    case 7:
    case 8:
    case 10:
    case 12:
        echo $month."月份是 31 天<br>";
        break;
    case 4:
    case 6:
    case 9:
    case 11:
        echo $month."月份是 30 天<br>";
        break;
    case 2:
        if(($year% 4==0) or ($year% 100! =0 && $year% 400==0))
            echo $month."月份是 29 天<br>";
        else
            echo $month."月份是 28 天<br>";
        break;
```

3.3 循环语句

为什么要学习循环呢? 首先来回答这个问题。举例让您输出十遍"计算机专业是一个很有前途的专业",在学习循环语句前,您会用 echo"计算机专业是一个很有前途的专业"语句,然后复制 9 遍输出来。但如果让您输出 1 000 遍甚至 1 万遍"计算机专业是一个很有前途的专业",你还会这样做吗? 重复输入同样的代码千遍万遍很无聊,浪费时间和空间。如果学习了循环语句,那么只需要一条 echo 语句,只是重复执行这条语句即可。所以利用循环语句可以节省时间和空间,提高效率及程序的可读性。

在 PHP 程序中,主要有两种循环:一种是 while 循环,另一种是 for 循环。与上面的分支语句相同之处是循环也需要判断条件,不同之处是当 if 语句条件符合,执行完了直接跳出来,而循环语句不会跳出来,还需要继续回来判断条件,直到条件不符合,才跳出来结束循环。

3.3.1　while 语句格式

while 循环是在条件为真时,重复执行循环,直到条件不符合跳出循环;当条件为假时,不执行循环。其语法格式如下:

```
while(条件表达式)
{
    循环体;
}
```

前面讲过,输出 10 行"计算机专业是一个很有前途的专业",要写 echo 语句 10 遍,即至少需要 10 行,现在用 while 语句实现,主要代码如下:

```
$i=10;        //初始变量
while($i<10)   //先判断变量
{
    echo"计算机专业是一个很有前途的专业<br>";
    $i++ ;
}
```

另外,do while 循环语句与 while 循环语句有类似之处,while 是先判断条件,若条件符合,则执行循环语句,而 do while 是先做循环语句再判断条件,其语法格式如下:

```
do
  {
  循环体;
}while(条件表达式);
```

用 do while 循环同样输出 10 行"计算机专业是一个很有前途的专业",示例代码如下:

```
$i=10;   //初始变量
do
{
    echo "计算机专业是一个很有前途的专业<br>";
    $i++ ;   //变量自增
}while($i<10);        //后判断变量
```

注意:do while 语句的 while 括号后面要加上分号";"。以上两个案例都是输出 10 行内容,但当 $i=10,也就是临界条件时,do while 循环会执行一次,而 while 循环一次都不执行,这就是两者的区别。

3.3.2　for 语句格式

for 语句其实是 while 语句的升级版,上面案例中变量 $i 出现 3 次,将 3 次变量 $i 集中放到 for 语句中,就形成了 for 循环语句,其格式如下:

for(初始化语句;表达式语句;更新语句)
{
　循环语句;
}

用 for 语句实现上面的案例,对应的代码如下:

```
for($i=0;$i<10;$i++)    // 变量$i 出现 3 次,是从 while 里面提炼出来集中到一起
  {
      echo"计算机专业是一个很有前途的专业<br>";
}
```

3.3.3　循环语句案例分析

根据前面学过的三种循环格式,分别举例说明。以 for 循环为例分析两个案例,第一个案例用 for 循环做一个验证码,该案例主要用到随机函数生成随机数,还要用随机函数生成 rgb 颜色值。主要代码如下:

```
<meta charset="utf-8">
<?php
//for 做一个验证码
for($i=0;$i<4;$i++)
{
      echo "<span style='color:
rgb(".rand(0,255).",".rand(0,255).",".rand(0,255).");'>".rand(0,9)."</span>";
}
?>
```

第二个案例,用 for 语句输出一张 10 行 10 列的表格,表格单元格的数字从 1 到 100,表格相当于一张二维表,所以用两个 for 循环:一个控制行,一个控制列。主要代码如下:

```
<table align="center" border="1" cellpadding="0" cellspacing="0" width="400">
    <caption>表格</caption>
    <?php
    for($i=0;$i<10;$i++)
      {
          echo"<tr align='center'>";
```

```
        for($j=0;$j<8;$j++)
        {
          echo"<td>1</td>";
        }
      echo"</tr>";
    }
  ?>
</table>
```

　　请同学们课后用 while 循环和 do while 循环来实现上面两个案例,即验证码和二维表的输出。

思政小课堂

　　(1) 在流程控制语句中,条件语句告诉我们在条件允许的情况下才能执行语句,不允许则不能执行。然而,有时为了处理一些紧急情况,要学会利用条件语句做适当调整来处理紧急事件。

　　(2) 学习循环语句相当于我们吃饭,吃了中饭吃晚饭,第二天继续吃饭,一顿不吃饿得慌。学习和吃饭都是同样的道理,比如定期学习、复习。一段时间不学习,知识点就很容易遗忘,只有不断重复学、反复学,才能学得更扎实、更高效、更系统。

第 3 章　拓展学习　　　　　习题 3

第 4 章

PHP 数组及数组函数

数组是 PHP 中的一种数据类型,而是在内存中开辟的一段连续存储空间,用于保存一组相关的数据元素,这个数据集合可用一个变量来描述,而这个变量的类型就是数组类型。其中的每个数据被称为数组元素,在内存中都有一个确定的位置,可通过在数组名后的下标(可为数字索引或关键字索引)来描述,程序中可通过下标来访问数组中各个元素的值。

学习目标

(1) 理解数组的概念及分类。

(2) 掌握数组遍历常用的两种方法。

(3) 掌握数组常用函数。

思政目标

(1) 引导大学生在实际生活和工作中,做到识大局的同时,对细节予以注重。

(2) 通过对数组函数及应用的讲解,激发大学生深入思考和讨论,从而启发大学生领悟人生中的种种道理。

4.1 数组的概念及分类

首先来回答为什么要用数组,它有什么优点等问题。比如,记录近一周的最高气温,在学习数组之前,需要用七个变量来存放每天的最高气温,但如果要记录近一个月的最高气温,难道要用三十个变量吗? 变量太多既容易混淆,又浪费存储空间。这时可以考虑将七天的数据按照顺序排好,用逗号分隔,统一存入一个变量当中,并且用关键字"array"来说明这是一个数组变量。数组其实是将一个变量作为一个整体使用,达到批量处理数据的目的。因此,用数组来定义数据具有节省空间、提高效率的优点。

本节主要有三个知识点:数组的定义、数组的基本操作及数组的分类。首先来定义一个数组,类似于记录一周的最高气温案例。记录三名同学的学号,可用三个变量存放,再用数组来存放三名同学的学号,虽然功能一样,但数组的效率高。代码如下:

```
$id1=10001;   // 分别用三个变量存放三个学号
$id2=10002;
$id3=10003;
```

```
// 用数组定义三个学号,并在括号前加关键字 array,说明$arr 是一个数组类型
$arr=array(10001,10002,10003);
```

数组的基本操作包含数组的单个值输出、数组的所有值输出、更改数组的值等。数组的输出有三种方式:单个值输出、函数输出、遍历输出。操作示例代码如下:

```
//对上面定义的数组做相应操作,注意数组的输出方式用 print_r()函数
echo $arr[2]; //1.下标输出数组的单个值,下标从 0 开始,$arr[2]即第三个学号
echo"<pre>";   //2.函数输出整个数组
print_r($arr);
echo"</pre>";
$arr[2]=100038;   //重新给数组的第三个值赋值,即数组的更新
for($i=0;$i<3;$i++)      //3.用 for 语句遍历输出数组所有的值
{
echo $arr[$i]."<br>";
}
```

数组的分类有三种形式:索引数组、关联数组、混合数组。如何区别三种数组呢? 主要看数组的下标,下标为数字的就是索引数组;下标为字符串就是关联数组,字符串两边需要加上单引号或双引号,即数组的键名,关联数组是键和值配对,也称为键值对;既有索引数组又有关联数组就是混合数组。示例代码如下:

```
//上面定义的数组下标是默认的数字,即索引数组
$arr=array('name'=>'张三','sex'=>'男','age'=>20,'major'=>'计算机应用技术','
mobile'=>'18934567890');
echo $arr['sex']."<br>";     //1.关联数组单个值输出
$arr['sex']='女';            // 关联数组的性别重新赋值
echo"<pre>";        // 2.关联数组整体输出
print_r($arr);
echo"</pre>";
foreach ($arr as $key=>$value)   // 3.关联数组的遍历输出,用 foreach 函数
  {
     echo $value."  ";
}
// 下面定义混合数组,数组中'男'没有键名,即下标默认为数字,从 0 开始
// 即 arr[0]的值是男,该数组中既有关联数组又有索引数组,所以是混合数组
$arr=array('name'=>'李四','男','age'=>20,'major'=>'计算机应用技术','18934567890
');
echo"<pre>";
print_r($arr);
echo"</pre>";   // 从输出结果中可以看出数组下标
```

4.2 数组的遍历

根据数据下标维度来划分,数组可以分为一维数组、二维数组和多维数组。比如 $ arr[ ]是一维数组;$ arr[ ][ ]是二维数组;$ arr[ ][ ][ ]是三维数组。本节重点讲解一维数组和二维数组。

4.2.1 一维数组及其遍历

一维数组是指只有一个维度有序数据的集合,如 $ arr[ ]=array(1,2,3,4,5),方括号里是该数组的下标,圆括号里的数据是数组变量 $ arr[ ]具体的数值。一维数组又分为一维索引数组和一维关联数组。

数组的索引又叫"键值"或者"下标",使用"=>"运算符,可以为数组指定索引和值。它的语法格式是"索引=>值"。使用"=>"为数组指定索引和值来创建数组,代码如下:

```
$arr=array
(
0 =>10001
1 =>10002
2 =>10003
)
```

这行代码指定数组的索引是整数。前面讲过,数组的索引还可以是字符串,用字符串做索引的数组叫作"关联数组"。指定数组元素的索引为字符串的代码如下:

```
$arr=array
  ('name'=>'张三'
   'sex'=>'男'
   'age'=>20
   'major'=>'计算机应用技术'
   'mobile'=>'18934567890'
  )
```

前面讲过循环,循环是重复执行同样的操作,而数组中每个元素是依次输出的,也是重复同样的操作,因此,数组元素可以通过 for、while 和 foreach 来实现遍历输出。4.1 节讲了数组的遍历输出,下面用表格的形式遍历输出数组。首先讲解索引数组以表格形式输出,由于索引数组下标是数字,所以适合用 for 循环语句来实现。

【案例 4-1】 一维索引数组遍历。

```
//以表格的形式输出一维索引数组
$arr1=array(10001,'张三','男',20,'计算机应用技术','18934567890');
```

```
?>
<!-- 一维索引数组以表格形式输出 -->
<table align="center" width="500" border="1" cellspacing="0" cellpadding="0">
<caption><h1>学生信息表- 一维索引数组</h1></caption>
<tr><th>学号</th><th>姓名</th><th>性别</th><th>年龄</th><th>专业</th><th>电
话</th></tr>
    <tr align="center">
        <?php
        for($i=0;$i<6;$i++)
        {
            echo"<td>".$arr1[$i]."</td>";
        }
        ?>
    </tr>
</table>
```

案例 4 - 1 用索引数组定义了一名学生的基本信息,再以表格形式遍历输出一维索引数
组,结果如图 4 - 1 所示。

学生信息表-一维索引数组

学号	姓名	性别	年龄	专业	电话
10001	张三	男	20	计算机应用技术	18934567890

图 4 - 1　一维索引数组遍历结果

再用关联数组以表格形式遍历输出一维关联数组,由于关联数组的下标是字符串,所以
适合用 foreach 循环语句来实现。

【案例 4 - 2】　一维关联数组遍历。

```
<!-- 一维关联数组以表格形式输出 -->
<?php $arr2=array('id'=>'10001','name'=>'张三','sex'=>'男','age'=>20,'major
'=>'计算机应用技术','mobile'=>'18934567890');?>
<table align="center" width="500" border="1" cellspacing="0" cellpadding="0">
    <caption><h1>学生信息表- 一维关联数组</h1></caption>
    <tr><th>学号</th><th>姓名</th><th>性别</th><th>年龄</th><th>专业</th><th>
电话</th></tr>
    <tr align="center">
        <?php
        foreach($arr2 as $key=>$value)
        {
```

```
                echo"<td>".$value."</td>";
            }
        ?>
    </tr>
</table>
```

　　案例 4-2 用关联数组定义了一名学生的基本信息,然后以表格形式遍历输出一维关联数组,结果如图 4-2 所示。

学生信息表-一维关联数组

学号	姓名	性别	年龄	专业	电话
10001	张三	男	20	计算机应用技术	18934567890

图 4-2　一维关联数组遍历结果

4.2.2　二维数组及其遍历

　　二维数组就是数组的数组,即一维数组中的值又是一个数组。可以将二维数组看作一张二维表,即两个下标,比如 Sarr[ ][ ],第一个方括号可以理解为表的行,第二个方括号可以理解为表的列。

　　先定义一个一维数组,$arr=array(A,B,C)。其中 A,B,C 又是一个一维数组。以二维索引数组为例,示例代码如下:

```
$arr1=array(10001,10002,10003); //定义一个一维数组,代表三名学生的学号
//10001=array(10001,'张三','男',20,'计算机应用技术','18934567891')
//10002=array(10002,'李四','女',20,'计算机应用技术','18934567892')
//10003=array(10003,'王五','男',21,'计算机应用技术','18934567893')
$arr1=array( array(10001,'张三','男',20,'计算机应用技术','18934567891'),
        array(10002,'李四','女',20,'计算机应用技术','18934567892'),
        array(10003,'王五','男',21,'计算机应用技术','18934567893')
        );
```

　　从定义中看出来,$arr 是 array 的 array,即数组的数组。如果有三个 array,说明是数组的数组的数组,即三个下标,三维数组,多维数组以此类推,不再赘述。

　　二维数组与一维数组有同样的性质,可以单个输出,整体输出,遍历输出,接着上面的案例,示例代码如下:

```
echo $arr1[1][1]."<br>";    // 1.单个值输出,输出第二行第二列的值,即李四
echo $arr1[2][3]."<br>";     // 输出第三行第四列的值,即 21
echo"<pre>";                  // 2.二维数组整体输出
```

```
print_r($arr1);
echo"</pre>";
for($i=0;$i<3;$i++)        // 3.二维数组遍历输出
{
    for($j=0;$j<6;$j++)
    {
        echo $arr1[$i][$j]." ";
    }
    echo"<br>";
}
```

　　二维关联数组是在一维关联数组的基础上,每个值又是一个一维关联数组。二维关联数组与二维索引数组一样,有同样的性质,可以单个输出、整体输出和遍历输出。以二维关联数组定义及输出为例,示例代码如下:

```
<?
// 定义一个二维关联数组
//首先定义一个一维关联数组三名学生的学号,每个学号又是一个一维关联数组
$arr2=array('zhangsan'=>100001,'lisi'=>100002,'wangwu'=>100003);
//'zhangsan'=>100001=array('name'=>'zhangsan','sex'=>'男','age'=>20,'major'=>
'计算机应用技术','mobile'=>'18934567891')
$arr2=array('张三'=>array('name'=>'zhangsan','sex'=>'男','age'=>20,'major'=>
'计算机应用技术','mobile'=>'18934567891'),
            '李四'=>array('name'=>'lisi','sex'=>'女','age'=>20,'major'=>'计算
机应用技术','mobile'=>'18934567892'),
            '王五'=>array('name'=>'wangwu','sex'=>'男','age'=>21,'major'=>'计
算机应用技术','mobile'=>'18934567893')
            );
echo $arr2['李四']['name']."<br>"; // 1.单个输出李四的姓名,即李四
echo $arr2['王五']['major']."<br>";// 单个输出王五的专业,即计算机应用技术
echo"<pre>";                      // 2.整体输出二维关联数组
print_r($arr2);
echo"</pre>";
foreach ($arr2 as $key=>$value)     // 3.遍历输出二维关联数组
{
    foreach ($value as $row=>$col)
    {
        echo $col." ";
    }
    echo"<br>";
```

```
    }
    ?>
```

由于二维数组中的第一维可以是索引数组或关联数组,第二维也如此,因此,大部分情况下二维数组很容易成为二维混合数组。下面分别从二维索引数组、二维关联数组、二维混合数组来实现数组的遍历。

【案例 4-3】 二维索引数组输出。

接着上面二维数组 $arr1 定义了三名学生的基本信息,以表格的形式输出二维索引数组,示例代码如下:

```
<table align="center" width="500" border="1" cellspacing="0" cellpadding="0">
<caption><h1>学生信息表- 二维索引数组</h1></caption>
<tr><th>学号</th><th>姓名</th><th>年龄</th><th>性别</th><th>专业</th></tr>
    <?php
    for($i=0;$i<3;$i++)
    {
        echo"<tr align='center'>";
        for($j=0;$j<5;$j++)
        {
            echo"<td>".$arr1[$i][$j]."</td>";
        }
        echo"</tr>";
    }
    ?>
</table>
```

案例 4-3 首先写好表格的 HTML 代码,由于是索引数组,所以用 for 循环语句输出,$i 代表行,$j 代表列,输出结果如图 4-3 所示。

学生信息表-二维索引数组

学号	姓名	年龄	性别	专业
10001	张三	20	男	计算机应用技术
10002	李四	21	女	计算机应用技术
10003	王五	22	女	计算机应用技术

图 4-3 二维索引数组输出结果

【案例 4-4】 二维关联数组输出。

接着上面二维数组 $arr2 定义了三名学生的基本信息,以表格的形式输出二维关联数组,示例代码如下:

```
<table align="center" width="500" border="1" cellspacing="0" cellpadding="0">
    <caption><h1>学生信息表-二维关联数组</h1></caption>
    <tr><th>学号</th><th>姓名</th><th>年龄</th><th>性别</th><th>专业
</th></tr>
    <?php
    foreach($arr2 as $key=>$value)
    {
        echo"<tr align='center'>";
        foreach ($value as $row=>$col)
        {
            echo"<td>".$col."</td>";
        }
        echo"</tr>";
    }
    ?>
</table>
```

案例 4 - 4 是二维关联数组,下标是字符串,所以要用 foreach 循环语句输出,二维数组需要用两个 foreach 语句。首先将二维数组 $arr2 变成一个一维数组 $key=> $value,然后将 $value 这个一维数组变成一个键和值,即 $row=> $col, $col 就是表格单元格的值。输出结果如图 4 - 4 所示。

学生信息表-二维关联数组

学号	姓名	年龄	性别	专业
10001	张三	20	男	计算机应用技术
10002	李四	21	女	计算机应用技术
10003	王五	22	女	计算机应用技术

图 4 - 4　二维关联数组输出结果

4.3　数组的函数

数组函数分为两种:一种是用户自己定义的函数,需要用户自己写好,然后应用;另一种是系统函数,可以直接拿来用。本节首先讲解函数的概念,再讲解数组中常用的系统函数。

4.3.1　函数的概念

首先通过举例来说明函数的优点,用函数来求两数的平方和。定义一个数组变量,关键字是 array;同样,定义一个函数也有关键字 function。另外,数组变量有一个变量名;同样,

函数也有一个函数名,其语法格式如下:

```
function 函数名(形式参数)
{
  语句或语句块;
return 表达式;
}
```

根据函数是否带参数、是否有返回值,两两组合可得出,函数有四种格式。第一种不带参数不带返回值,第二种带参数不带返回值,第三种不带参数带返回值,第四种带参数带返回值。每种格式的示例代码如下:

```php
<?php
// 第一种,不带参数、不带返回值
function fun1( )
{
    echo"##############<br>";
}
fun1( );
// 第二种,不带参数、带返回值
function fun2( )
{    $a=10;
$b=20;
 $c=$a+$b;
return $c;
}
fun2( );
// 第三种,带参数、不带返回值
function fun3($a,$b )
{
 $c=$a+$b;
echo $c."<br>";
}
echo fun3(10,20);
// 第四种,带参数、带返回值
function fun4($a,$b )
{
    $c=$a+$b;
    Return $c."<br>";
}
echo fun4(10,20);
?>
```

据此,先定义一个带参数带返回值的、求两数平方和的函数,再去调用函数,得出结果,示例代码如下:

```
// 函数名是 sum
function sum($x,$y){
    $z="";
    $z=$x*$x+$y*$y;
    return $z;
}
$a=sum(2,3);    // 将 2,3 分别传给形式参数$x,$y,得到结果赋给$a
echo $a."<br>";          //变量$a 的值输出为 13
echo sum(20,30)."<br>";   // 函数可以直接调用输出,值为 1300
echo sum(120,130)."<br>"; // 函数名可以赋值给变量$a,然后输出
```

> 注意:函数只是定义,但一定要有调用语句才能执行函数体;没有调用语句,函数体不会被执行。好比将快递打好包了,但没有贴面单(快递订单及邮寄信息),是没办法寄出去的。

综上所述,函数的定义是:被命名的(用户给它命名),被调用的,具有独立功能,且带参数或返回值的独立代码或代码段,其功能是用来完成某个功能,比如做加法运算,做两数平方和运算等。

4.3.2　数组的函数

在 PHP 中提供了许多数组函数,大部分函数都以 array 开头,再根据函数的意义确定函数名,比如搜索数组下标函数 array_search( ),在数组后面增加元素 array_push( )。下面分别介绍一些常用的数组函数。

1. array_search( )函数

array_search( )函数用于找出数组中值所对应的键名(即下标)。现给出两个数组:一个为书本名称数组,另一个为书本价格数组,通过代码来求出某本书的价格。示例代码如下:

```
//1.array_search()找到数组中值对应的键名,即下标
$arr=array('MYSQL','JAVA','PHP','VB');
$brr=array(23,44,55,66);
$i=array_search('VB',$arr);
echo $i."<br>";
echo '这本书的价格是:'.$brr[$i]."<br>";
```

2. array_pop( )函数

array_pop( )函数用于删除数组中最后一个元素。给出一个数组,里面包含四个元素,删除数组最后一个元素,示例代码如下:

```
//2.pop：删除数组中最后一个值,结果是一个值,array_pop 这个函数里面存放的是一个值,
输出是一个值,用 echo.push：在数组的最后加入一个值
$arr=array('MYSQL','JAVA','PHP','VB');
print_r($arr);
echo"<br>";
echo array_pop($arr);
print_r($arr);
echo"<br>";
```

3. array_push( )函数

array_push( )函数用于在函数的最后加入一个元素。给出一个数组,里面包含四个元素,在数组最后增加一个元素,示例代码如下:

```
$brr=array('MYSQL','JAVA','PHP','VB');
print_r($brr);
echo"<br>";
array_push($brr,'C#');
print_r($brr);
echo"<br>";
echo"$$$$$$$$$$$$$$$$$$$$$$<br>";
```

4. array_shift( )函数

array_shift( )函数用于删除数组元素中第一个值。还是给出同样的数组,包含四个元素,上面是删除最后一个,本例是删除第一个元素,示例代码如下:

```
//4.array_shift：删除数组中第一个值,结果是一个值,array_shift 这个函数里面存放的
是一个值,输出一个值,用 echo.
$brr=array('MYSQL','JAVA','PHP','VB');
echo array_shift($brr)."<br>";
print_r($brr);
```

5. array_splice( )函数

array_splice( )函数用于删除数组中间指定的一个元素或多个元素。同样给出一个数组,从下标为 1 的元素开始,连续删除 2 个元素,示例代码如下:

```
//5.array_splice：删除数组中间的值,剩下的值重新组成一个新的数组,即删除后的数组
$brr=array('MYSQL','JAVA','PHP','VB','C');
$crr=array_splice($brr,1,2);
print_r($brr);
echo"<br>";
```

6. array_slice( )函数

array_slice( )函数用于截取数组中一个或多个元素,重新组成新的数组,给出一个数组,从下标为 1 的元素开始截取两个元素,这两个元素组成新的数组,示例代码如下:

```
//6.array_slice:删除数组中间的值,并且被切割的值重新组成一个新的数组,既不是原来
的数组,也不是删除后的数组
$brr=array('MYSQL','JAVA','PHP','VB','C');
$crr=array_slice($brr,1,2);
echo"<br>";
print_r($brr);
echo"====================<br>";
```

7. array_unique( )函数

array_unique( )函数用于删除数组中重复元素,即数组中相同的元素只能是一个,即元素是唯一的。给出一个数组,里面有两个元素重复,示例代码如下:

```
//7.删除重复值
$brr=array('MYSQL','JAVA','PHP','VB','JAVA','VB');
print_r(array_unique($brr));
echo"<br>";
echo"$$$$$$$$$$$$$$$$$$$$$$$$$$$<br>";
```

8. array_sum( )函数

array_sum( )函数用于数组求和,给出一个数组,对数组中所有元素进行求和,示例代码如下:

```
//8.数组求和
$a=array(1,2,33,55,6,7,8,10);
echo array_sum($a);
```

9. array_merge( )函数

array_merge( )函数用于数组合并函数,定义两个数组,将其合并成一个新的数组,示例代码如下:

```
//9.合并
echo"<br>";
$a=array(1,2,33,55,6,7,8,10);
$b=array('MYSQL','JAVA','PHP','VB','C');
$c=array_merge($a,$b);
print_r($c);
echo"<br>";
```

10. sort( )函数

sort( )函数用于升序函数,对给定的数组按照大小进行升序排序,示例代码如下:

```php
//10.升序
echo"<br>";
$a=array(1,2,33,55,6,7,8,10);
sort($a);
print_r($a);
```

11. rsort( )函数

rsort( )函数用于降序函数,对给定的数组按照大小进行降序排序,示例代码如下:

```php
// 11.降序
$a=array(1,2,33,55,6,7,8,10);
echo"====================<br>";
rsort($a);
print_r($a);
```

12. array_reverse( )函数

array_reverse( )函数是一种倒序函数,对给定的数组按照倒序排序,即第一个元素和最后一个对换,第二个和倒数第二个对换,以此类推,示例代码如下:

```php
//12.倒序
$a=array(1,2,33,55,6,7,8,10);
print_r($a);
print_r(array_reverse($a));
echo"<br>";
```

13. 案例分析

根据上面学过的函数,统计销售的总价格。有5部手机,每部7000元;部件kindle有5件,每件500元;手机壳10个,每个10元。请计算手机及配件总共多少元。示例代码如下:

```php
//13.综合案例
$data=array(
        array("iphone12",7000,5),
        array("kindle",500,5),
        array("手机壳",10,10)
        );
    for($i=0;$i<3;$i++)
    {
      $total[]=$data[$i][1]* $data[$i][2];
```

```
}
echo array_sum($total);
```

注意：凡是重新组合成新的数组，可以直接输出，比如：合并函数，倒序等 array_merge，reverse，shift，unique，而 sort，rsort，pop，push，shift 函数则不能直接输出，它们里面有值，不能直接用 print_r 函数输出，一般用 echo 输出。

思政小课堂

（1）注意职业伦理和遵纪守法，比如不要侵犯用户隐私，不要从事违反国家法律法规的事情。

（2）每日，哪怕只是努力一点，与每日稍有偷懒相较，一年的时光流转后，那差距便如天壤之别。每日多付出一分努力，积累下来，你会发现自己拥有了更多的机会、更广阔的发展空间，这其实就是一笔巨大的财富，它能让你在未来的日子里过得更加精彩。

第 4 章　拓展学习　　　　　习题 4

第5章

PHP 正则表达式

根据多年教学情况来看，大部分学生对正则表达式这个概念很陌生，看到正则表达式犹如看天书和甲骨文。其实，在平时使用电脑过程中都有接触过，只是因为没有学过这个概念而感到陌生。比如，当我们需要在 C 盘中搜索后缀为 php 的文件时，我们会打开 C 盘，在搜索栏中输入*.php，而这个*.php 其实就是一个正则表达式，"*"号表示任意多个符号，但后缀一定是 php 文件这样一条规则。正因为有这样的规则，用户才能查到相应的文件。其实，可以将这个例子中的*.php 看作一个正则表达式，利用这个表达式，搜索出符合条件的多个文件。

 学习目标

(1) 理解正则表达式的概念。
(2) 掌握正则表达的基本语法。
(3) 掌握正则表达式常见函数及应用。

思政目标

(1) 培养大学生耐心和细心的品质和认真的学习态度。
(2) 培养大学生团结协作和共享精神。
(3) 培养大学生尊重他人的权利和隐私，遵守社会公德和职业道德，不断提高社会责任感。

5.1 正则表达式概念

正则表达式(regular expression)实际上就是负责对字符串作解析对比，从而分析出字符串的构成，以便进一步地对字符串作相关处理。比如，在注册时，用户名或密码都有一定的规则，密码强度较高时，必须包含字母、数字、特殊符号、不少于 8 位等要求，而这些要求也可以说是规则，通过这些规则来规范字符串的格式。

通俗地说，正则表达式就是记录文本规则的代码，比如*.txt，?.txt，11.php 等。常用的正则表达式运算符主要有行定位符、无字符、限定符、选择字符、排除字符、转义字符、分组等，其功能是决定对给出的实际字符或字符串按照一定的规则进行匹配、过滤或其他操作。

5.1.1　元字符

（1）元字符^：用来匹配以指定字符（或字符串）开头的字符串。例如，模式^hell 可以匹配 hello，hell 等，但不匹配 holla。

（2）美元符号$：用来匹配以指定字符（或字符串）结尾的字符串。例如，ow$可以匹配 low，fellow 等，这些字符串均以 ow 结尾。

（3）英文句点.：用来匹配除\n 之外的任何单个字符。例如，要找出 3 个字母的单词，而且这些单词必须以字母 b 开头、以字母 s 结束。通常可以使用这个通配符——英文句点符号"."。这样，完整的模式就是 b.s，这就是一个正则表达式，它可以匹配的 3 个字母的单词，可以是 bes，bis，bos，bus。事实上，这个正则表达式还可以匹配 b3s，b♯s 甚至 bs，还有其他许多无实际意义的组合。又如，模式"^.5$"匹配以数字 5 结尾和以其他非换行字符开头的字符串。模式"."可以匹配任何字符串，除了空串和只包含一个换行的字符串。

（4）方括号[ ]：为了解决句点符号匹配范围过于宽泛的问题，可以方括号"[ ]"来指定匹配范围，可以在方括号内指定有意义的字符。此时，只有方括号里面指定的字符才参与匹配。也就是说，正则表达式"b[eiou]s"只匹配 bes，bis，bos，bus。但 bees 不匹配，因为在方括号之内只能匹配单个字符。例如，[a—z]用来匹配所有小写字母，但只能匹配一个字母。注意，通常用符号—连接匹配范围的首尾。

（5）或操作符号|：可以完成在两项或多项之间选择一个进行匹配。对于上述例子，如果还想匹配 boos，那么可以使用操作符"|"。操作符"|"的基本意义就是"或"运算，所以，正则表达式"b(a|e|i|o|oo)s"可以匹配 boos。特别注意，这里不能使用方括号，必须使用圆括号"( )"，因为方括号只允许匹配单个字符。圆括号还可以用来分组，后面会有介绍。如果希望在正则表达式中实现类似编程逻辑中的"或"运算，在多个不同的模式中任选一个进行匹配，就可以使用元字符|。

（6）转义字符\：用来转义一个字符。对于一些特殊符号的匹配，如元字符本身和空格、制表符等，需要用到转义，所有的转义序列都用\（反斜杠）为前缀。例如，要在正则表达式中匹配元字符$，就需要使用\$，匹配元字符\就要使用\\。

（7）( )字符：标记一个子表达式的开始和结束位置，即括住一个表达式。

5.1.2　次数匹配元字符

以上介绍的元字符基本可以看作对字符（或字符串）位置的匹配，下面介绍和匹配次数有关的一些元字符。这些元字符用来确定紧靠该符号左边的符号出现的次数。注意，这里强调了"紧靠左边"这一原则。

（1）*：匹配其左边（即前面）的子表达式 0 次或多次。例如，pe*匹配 perl，peel，pet，por 等，因为这些字符串都符合（即匹配）在字母 p 后连续出现 0 个或多个字母 e。

（2）+：匹配其左边（即前面）的子表达式 1 次或多次。注意，与*不同，+前的字符至少要出现 1 次，例如，co+匹配 come，code，cool，co 等，这些字符串都匹配在字母 c 后至少出现 1 个或多个字母 o。

（3）?：匹配其左边（即前面）的子表达式 0 次或 1 次。

注意*，+和? 只对紧挨它的前面那个字符起作用。还有其他几种表示法可以限定匹配次数,会在限定符中介绍。

5.1.3 转义字符

正则表达式中的转义,除了需要对元字符转义之外,还有一些非打印字符在匹配时需要转义,如表 5-1 所示。

表 5-1 转义字符

符字	含 义 描 述
\n	匹配一个换行符,等价于\x0a 和\cJ
\r	匹配一个回车符,等价于\x0d 和\cM
\s(小写)	匹配任何空白字符,包括空格、制表符、换页符等,等价于[\f\n\r\t\v]
\S(大写)	匹配任何非空白字符,等价于[^\f\n\r\t\v]
\t	匹配一个制表符,等价于\x0b 和\cK
\v	匹配一个垂直制表符,等价于\x0c 和\cL
\f	匹配一个换页符,等价于\x0c 和\cL

5.1.4 反义词

PHP 常用的反义正则表达式主要有以下几种,如表 5-2 所示。

表 5-2 常用的反义词

代码/语法	说 明
\W	匹配任意不是字母、数字、下划线、汉字的字符
\S	匹配任意不是空白符的字符
\D	匹配任意非数字的字符
\B	匹配不是单词开头或结束的位置
[^x]	匹配除了 x 以外的任意字符
[^aeiou]	匹配除了 aeiou 这几个字母以外的任意字符

5.1.5 限定符

数量限定符用来指定正则表达式中,一个给定组合必须出现多少次才能满足匹配。在次数匹配元字符中介绍了"*""+""?",这里再补充另外几个常用的限定符,如表 5-3 所示。

表 5-3　常用限定词

代码/语法	说　　明
*	重复零次或更多次
+	重复一次或更多次
?	重复零次或一次
{n}	重复 n 次
{n,}	重复 n 次或更多次
{n,m}	重复 n 到 m 次

5.1.6　正则表达式实例在线测试

正则表达式实例可以通过在线测试工具来测试表达式是否匹配。在线工具有很多,直接在百度搜索关键字:正则表达式在线测试工具,可以找到很多相关资料。比如 https://mywulian. com/tool/regex 或 https://tool. oschina. net/regex 等很多网站都能测试。通过测试进一步地巩固正则表达式的含义,下面分别介绍几个常用的、简单的正则表达式匹配案例。

(1) 测试元字符,分别以^开头和以 $ 结束的表达式,如^hello $,这个表达式只匹配hello,其他符号不能匹配,如图 5-1 所示。

正则表达式

```
hello
```

正则表达式　^hello$　　　　　　　　　　☑ 全局搜索　☐ 忽略大小写　测试匹配

1处匹配:
hello

图 5-1　测试元字符匹配结果

(2) 测试一个 QQ 号格式是否正确。QQ 号都是数字构成,且第一个数不能为 0,数字个数大于等于 5 位且小于等于 11 位。根据这些规则,得出 QQ 号的正则表达式模型是:^[1—9][0—9]{4,10} $,这个表达式表示第一个符号不能为 0,即 1~9 之间,第二个符号是数字且至少重复 4 次,最多重复 10 次,符合 QQ 号的格式。通过正则表达式在线测试工具,测得结果分别如图 5-2 和图 5-3 所示。

从测试结果得出,少于 5 位数字就没有匹配结果,大于 5 位小于 11 位数字都可以测试出匹配结果,请同学们按照规则试试看其他数字。

(3) 测试身份证号格式是否正确。注册时经常要用到身份证号,当身份证号不匹配时,不能成功注册,为此要规范身份证号格式,以免出错。身份证号有两代,新的一代是 18 位,

正则表达式

1234

正则表达式   ^[1-9][0-9]{4,10}$ ✓ 全局搜索   ☐ 忽略大小写   **测试匹配**

没有匹配

图 5‑2   没有匹配结果

正则表达式

12345678901

正则表达式   ^[1-9][0-9]{4,10}$ ✓ 全局搜索   ☐ 忽略大小写   **测试匹配**

1处匹配：
12345678901

图 5‑3   有匹配结果

可以是 18 位数字，还可以是 17 位数字，但最后一位只能是字母 x，大小写都行；老的一代是只有 15 位数字。根据这个规则可以得出身份证号的正则表达式模型是：$(^\d\{15\}\$)|(^\d\{18\}\$)|(^\d\{17\}(X|x)\$)$。这个表达式应用了选择字符和分组符来实现，具体结果分别如图 5‑4 和图 5‑5 所示。

正则表达式

123456789012345678

正则表达式   (^\d{15}$)|(^\d{18}$)|(^\d{17}(X|x)$)   ✓ 全局搜索   ☐ 忽略大小写   **测试匹配**

1处匹配：
123456789012345678

图 5‑4   身份证号匹配 18 位数字

正则表达式

```
12345678901234567x
```

| 正则表达式 | (^\d{15}$)\|(^\d{18}$)\|(^\d{17}(X\|x)$) | ✓ 全局搜索　☐ 忽略大小写　测试匹配 |

1处匹配：
12345678901234567x

图 5-5　身份证号匹配 17 位数字

匹配正则表达式的示例有很多，同学们可以尝试去匹配手机号、邮箱、密码等常见的内容。通过这样多记多操作的方式，正则表达式将会变得比较容易理解，那些曾经如同"天书"般难懂的情况也将不复存在。

5.2　正则表达式函数及应用

在 PHP 中，还提供了一些正则表达式函数，它们可以实现比正则表达式更强大的功能，不仅能通配表示符合某种模式规则的字符串，还能够检查一个字符串是否含有某种子串（或是否匹配某种模式规则），将匹配的子串进行替换或者从某个字符串中取出符合某个条件的子串等。下面将列举出常用的正则表达式函数及功能，如表 5-4 所示。

表 5-4　常用正则表达式函数及功能

函数名称	功能描述
preg_match()	执行一个正则表达式匹配
preg_match_all()	执行一个全局正则表达式匹配
preg_grep()	返回匹配模式的数组条目
preg_last_error()	返回最后一个 PCRE 正则执行产生的错误代码
preg_quote()	转义正则表达式字符
preg_filter()	执行一个正则表达式的搜索和替换，与 preg_replace 等价，但它仅仅返回与目标匹配的结果
preg_replace()	执行一个正则表达式的搜索和替换
preg_split()	执行一个正则表达式的搜索和替换

以 preg_match() 函数为例讲解其格式及功能，格式如下：preg_match(string $pattern, string $subject [, array & $matches [, int $flag]])；函数有四个参数，前面两个是必选

项,其功能是参数字符串 subject 中搜索与参数 $pattern 给出的正则表达式相匹配的内容。第 3 个参数是可选参数,该参数是一个数组,若提供了第 3 个参数 $matches,则其会被搜索的结果所填充。$matches[0]包含与整个模式匹配的文本,$matches[1]将包含与第一个捕获的括号中的子模式所匹配的文本,以此类推。该函数还有第 4 个参数,也是可选的,这里不再详细讲解。

函数 preg_match() 返回对 $pattern 的匹配次数,返回值是 0 次(没有匹配)或 1 次,函数 preg_match() 在第一次匹配之后,将停止继续匹配。如果出错,函数 preg_match() 返回 FALSE。下面结合正则表达式及函数分别介绍两个案例。

【案例 5-1】 判断文本框中提交的手机号格式是否正确。若不正确,则提示格式错误,重新输入;若格式正确,则跳到欢迎登录页面。示例代码如下:

```php
<meta charset="utf-8">
<?php
//1.获取数据
$phone=$_POST['phone'];
$sub=$_POST['sub'];
$phone_pattern='/1[3578]\d{9}/';
//2.判断
if(isset($sub))
{
    if(preg_match($phone_pattern,$phone))
    echo"<script>alert('手机格式正确
');window.location.href='index.php';</script>";
    else
    echo"<script>alert('手机格式错误,请核实');window.location.href='login.php
';</script>";
}
?>
<form name="f1" action="#" method="post">
    手机号码:< input type ="text" id ="t1" name ="phone" value ="<? php echo
$phone;?>">
    <input type="submit" id="s1" name="sub" value="验证">
</form>
```

代码: 正则表达式的案例

【案例 5-2】 用正则表达式及匹配函数对一个注册表规范格式,身份证号、手机号、邮箱、密码要求符合指定格式。比如身份证要求 18 位数字,当是 17 位数字时,最后一位必须是大写的 X。当用户输入小写的 x 时,提示身份证号码错误,请重新核实。只有当全部信息完全正确时,才会跳到欢迎登录页面。示例代码可以扫描二维码获取。

思政小课堂

（1）在编写正则表达式时，需要仔细分析和理解文本的结构和规律，以确定正确的匹配模式。这不仅需要耐心，还需要具备细心和认真的态度。

（2）正则表达式的编写和使用是一个不断迭代和改进的过程，需要不断地与他人交流和分享经验与心得。需要借助社区的力量，共同协作，不断完善和提高自己的技能。

（3）在使用正则表达式时，我们需要确保其合法、适当且符合道德规范，坚决不进行违法、不当或不道德的操作。还需要尊重他人的权利和隐私，遵守社会公德和职业道德。

第 5 章　拓展学习　　　　习题 5

第**6**章

面向对象编程

在程序设计过程中,有两种编程思想:一种是面向过程编程,另一种是面向对象编程。面向过程编程与面向对象编程各有其不同的优缺点和适用场景,很难绝对地说哪一种更好。一般情况下,面向过程编程主要解决事物比较简单,可以用线性思维去解决的问题;而面向对象编程主要解决事物比较复杂,非线性思维才能解决的问题。其共同点都是用来解决实际问题的一种思路与方法,二者相辅相成,并不对立。面向对象编程方式便于我们从宏观上把握事物之间的复杂关系、方便我们分析整个系统;具体到微观操作,仍然使用面向过程的方式来处理。

学习目标

(1)理解类和对象的基本概念。

(2)掌握构造方法、析构方法。

(3)理解面向对象继承的概念及应用。

(4)理解面向对象封装的概念及应用。

(5)掌握分页类综合案例。

思政目标

(1)在新技术的发展历史及趋势中融入民族精神、爱国情怀。

(2)培养大学生精益求精的工匠精神和职业价值观,保护客户权益不受侵犯,做到防患于未然。

(3)鼓励大学生探索未知,掌握过硬的本领,适应新技术迅猛发展的新时代的需要。

6.1 类和对象的基本概念

6.1.1 概述

类的概念分为两个层次。从广泛的角度来看,类就是分类,分等级,也就是俗话说的人以群分、物以类聚。从狭义角度来看,类就是一个专业术语,类就是一组相似事物的统称。类的狭义概念有三个字眼需要注意:一组,也就是至少有两个或两个以上的对象构成才能分类;相似,而不是相同,如果是相同就不存在分类的说法;最后一个统称,也就是一个抽象的概念,不是具体的名称。

（1）类的构成：类由属性和方法两部分构成，比如车类，属性部分包含车的颜色、重量、价格、品牌、宽、高等；车有启动、刹车、加油、转弯等方法。再比如人类，属性部分包含人的姓名、性别、年龄、身高、政治面貌、专业、电话等；人有吃饭、睡觉、跑步、上课、唱歌等方法。由此可知属性是静态的，方法是动态的。属性描述事物本身的特性；方法表示事物的行为和状态。

（2）类就是属性和方法的集合：比如手机类，手机的品牌、颜色、像素、分辨率、库存等是属性部分；而手机具备打电话、发信息、作添加、删除、修改等方法。

（3）对象的概念：对象就是类的实例化、具体化、实体化。类是抽象的，不能直接调用与访问，需要通过实例化类，形成对象才能被引用。类的基本语法格式如下：

```
关键字 class 类名{
//属性
var $ var1;
var $ var2;
……
//方法
function myfun($ arg1,$ arg2 ){
……
}
}
```

6.1.2　类和对象的格式

类本身不能被直接引用，需要实例化形成对象才能被引用，创建类后，可以使用已创建的类作为模板来实例化类，实例化类形成对象的格式如下：

　　＄变量名＝new 类名（参数 1，参数 2，…，参数 n）；

1. 创建类

以人类为例，人类有姓名、性别、年龄的属性，人类可以跑步、吃饭、自我介绍的功能或者方法，具体示例代码如下：

```
<meta charset="utf-8">
<?php
$a=12;
$b='string';
$c=true;
$d=array(1,2,3,4,5);
print_r($d);
class person{          // 定义一个类的类型
    //1.属性
  var $name='张三';
  var $sex='男';
```

```
    var $age=19;
    var $height='1.8';
        //2.方法
        function say(){
            echo"自我介绍:我的名字是{$this->name},我的性别是{$this->sex},我的年
龄是{$this->age}<br>";
        }
        function run(){
            echo"下课后我去锻炼身体<br>";
        }
    function eat(){
            echo"我一会儿去吃饭<br>";
        }
}
$p1=new person();          //类的实例化形成对象
echo $p1->name."<br>";
echo $p1->sex."<br>";
$p1->say();
$p1->run();
```

调试运行案例后可知,创建了一个类,但不能被直接调用,需要先实例化类形成对象,再使用对象的属性和方法。

2. 形成对象

再举一个案例进一步地巩固类和对象的概念,比如手机类,上面讲过手机类的属性和方法,示例代码如下:

```php
<?php
class iphone
{
    //1.属性
    var $pinpai;
    var $value;
    var $color;
    var $sreenSize;
    var $width;
    var $weight;
    var $px;
    //2.方法
    function message(){
        echo"发出一条短信:嘉兴南洋职业技术学院<br>";
```

```php
    }
    function wx(){
        echo"发出信息或打视频<br>";
    }
    function music(){
        echo"正在播放……音乐<br>";
    }
    function jisuan($num1,$num2){      // 手机有计算机的方法或功能
        $num=$num1+$num2;
        return $num;
    }
}
//3.实例化形成对象
$ip1=new iphone();
$ip2=new iphone();
$ip3=new iphone();
//4.给对象赋值
$ip1->value='1290';
$ip1->color='blue';
$ip2->px="400w";
$ip3->width="380px";
$ip3->pinpai="华为";
//5.访问(使用)
echo $ip1->value;
echo $ip1->color;
echo"<br>";
$ip1->message();
$ip1->wx();
$ip1->music();
echo $ip2->jisuan(50,50);
```

6.1.3　类和对象的特点

类和对象的主要特点如下：

（1）类是一种抽象的数据类型；

（2）类是一种抽象的概念；

（3）类是一个模板；

（4）类是一个统称；

（5）类是具有相同特性和行为的事物的集合。

对象的主要特点如下：

（1）对象是类的实例化、具体化、实体化；

（2）对象是具有相同特性和行为的事物的具体个体。

类和对象的关系如下：

（1）类是对象的模板，对象是类的实例；

（2）对象是一个清晰、具体的实体、实例；

（3）类是对象的类型，对象是类的实例；

（4）类是对象的总结，对象是类的实例化。

面向对象包含三大特点，即封装性、继承性、多态性。

一是封装性，可以将其理解为一部手机，我们只需要拿过来就能使用，而不用去深入了解这部手机内部结构的工作原理。手机内部结构通过手机壳封装好。在面向对象编程过程中，程序中的客观事物都被封装成抽象的类，这个类集合了客观事物的属性（数据）和方法（或行为、函数），并且这些属性和方法只让可信的类或对象进行操作；不可信的类或对象不能操作，甚至都不可见，如此一来，安全性便有了可靠的保障。

二是继承性，继承的概念相对容易理解，在面向对象编程中，允许一些类（子类）直接使用已有类（父类）的相关数据和方法。好比子承父业，即儿子直接继承父亲的企业。再比如生出的小孩和父母很相像，是因为孩子继承了父母的基因。

三是多态性，所谓多态性可以理解为一种事物可以产生多种形态。比如水升温可以变成气态的蒸馏水，蒸馏水有消毒作用；通过降温可以变成固态的冰，冰有降温作用。在面向对象编程中指相同的操作或函数、过程可作用于多种类型的对象上并获得不同的结果，换句话说，不同的对象在收到同一消息、调用相同的函数时，可以产生不同的结果，这种现象称为多态性。

 ## 6.2 程序设计中的方法

6.2.1 构造方法

在 6.1.2 节中，人类的案例有自我介绍的方法，当实例化三个对象去调用自我介绍的方法时，输出三个同样的自我介绍内容。但在实际过程中，三个不同的对象输出的自我介绍内容应该不一样，即张三、李四、王五是三个不同的人，应该有三种不同的自我介绍内容。而案例中三个不同对象输出一样的内容，如何解决这个问题呢？这就是本节要讲的构造方法，也称为魔术方法，正因为它有很强大的魔力才能解决问题。构造方法也是方法，关键字是function，但方法名是固定的 __construct( )，一般放在普通方法前面，基本语法格式如下：

```
function __construct($ arg1,$ arg2,…$ argn ){
方法体或函数体;
}
```

注意，construct 前面是两个下划线连在一起的，方法名是固定的、独一无二的，这个方法一旦定义好，就会被自动调用。通过传递参数来初始化变量。举例说明，示例代码如下：

```
<meta charset="utf-8">
<?php
class person{
    //属性
    var $name;
    var $sex;
    var $age;
//对象实例化之后自动调用的方法,叫作构造方法,一般用来初始化变量,放在普通方法前面
function __construct( ){
        echo"@@@@@@@@@@@@@@@@@@@@@ <br>";
    }
    //方法
    function say(){
        echo"自我介绍,我的姓名是{$this->name},我的性别是{$this->sex},我的年龄
是{$this->age}......<br>";
    }
}
$p1=new person();
$p2=new person();
$p3=new person();
?>
```

该案例输出了三行@符号,结果为什么会输出三行@符,这是因为有了构造方法。这个方法只要实例化了就会被自动调用方法体。方法体是输出一行@符号,实例化三次,则输出三行。

由此,可以想到,在实例化过程中设置参数,传递到构造方法的形参中,用来初始化变量。具体示例代码如下:

```
<meta charset="utf-8">
<?php
class person
{
    //1、属性
    var $name;
    var $sex;
    var $age;
    var $height;
    //一、构造方法
    function __construct($name,$age,$sex){
        $this->name=$name;
        $this->age=$age;
        $this->sex=$sex;
```

```
    }
    //2、普通方法
    function say(){
        echo"自我介绍：我的名字是{$this->name},我的性别是{$this->sex},我的年龄
是{$this->age}<br>";
    }
    function run(){
        echo"下完课我就去锻炼身体<br>";
    }
    function eat(){
        echo"我一会去吃饭<br>";
    }
}
$p1=new person('张三',23,'男');          //类的实例化形成对象
$p2=new person('李四',20,'女');
$p3=new person('王五',21,'男');
$p1->say();
$p2->say();
$p3->say();
```

运行结果可得知,传递三个人的信息,得到三个人不同的自我介绍信息,构造方法解决了 6.1 节遗留的问题,结果如图 6-1 所示。

自我介绍：我的名字是张三,我的性别是男,我的年龄是23

自我介绍：我的名字是李四,我的性别是女,我的年龄是20

自我介绍：我的名字是王五,我的性别是男,我的年龄是21

图 6-1　三种不同的自我介绍

6.2.2　析构方法

构造方法是创造空间用来初始化变量的,当变量用完了,就不需要空间,此时可以用析构方法来释放空间,这样可以将不用的空间让给需要的变量。析构方法和构造方法一样,方法名也是固定的,__destruct( ),一般放在构造方法的后面。格式如下:

```
function __destruct( ){
方法体或函数体;
}
```

代码: 析构方法

根据构造方法的案例,需要释放三个变量的空间,在构造方法的后面加上析构方法。扫描二维码获取具体的示例代码。

调用方法 say()之后加上一条代码 $p1＝null;这条语句就是在释放空间,其他两个变量做类似的操作,运行结果如图 6-2 所示。

自我介绍,我的姓名是张三,我的性别是男,我的年龄是20……
这里是析构方法，用来释放空间的，张三再见
自我介绍,我的姓名是李四,我的性别是女,我的年龄是19……
这里是析构方法，用来释放空间的，李四再见
自我介绍,我的姓名是王五,我的性别是男,我的年龄是21……
这里是析构方法，用来释放空间的，王五再见

图 6-2　析构方法释放空间

6.3　面向对象继承

　　面向对象编程通过继承可以增加或重写类的方法,这意味着继承类可以指定更多的属性和方法。继承的关键字 extends(继承、延伸、扩展的意思),即从一个类派生出继承类。继承需要先定义一个父类,再定义一个子类,加上关键字 extends,子类就可以继承父类的属性和方法,格式如下:

//先定义一个父类,再定义一个子类

class 子类名 extends 父类名{

……

}

　　比如,先定义一个运动类 sport,sport 是一个父类,再定义一个子类 basketball,然后将子类继承父类,格式如下:

class sport{　　//父类

……

}

class basketball extends sport {

//当加上了 extends 关键字时,basketball 就变成了子类

……

}

　　由于父类是运动类,而篮球继承了运动类,所以篮球类是运动类的子类,所以运动类里面有的属性和方法,篮球类子类也有,也能使用。示例代码如下:

```
<meta charset="utf-8">
<?php
class sport     //父类
{
public $name='张三';
public $sex='男';
public $height=195;
```

```
public $weight=100;
    function showeMe(){
        echo"我是父类里面的 showme 方法<br>";
    }
}
class basketball extends sport{    // 子类 1  showMe 方法重写

}
$ball=new basketball();
$ball->showeMe();
echo $ball->name;
```

父类中有四个属性、一个方法，子类中既没有属性也没有方法，但子类继承了父类，所以子类实例化后，直接使用了父类的方法和父类的属性。

子类除了继承父类的普通方法外，还可以继承父类的构造方法，经常用这种方法来初始化变量，示例代码如下：

```
<meta charset="utf-8">
<?php
class sport     //父类
{
    public $name;
    public $sex;
    public $weight;
// 父类中增加了构造方法
    function __construct($name,$height,$weight){
        $this->name=$name;
        $this->height=$height;
        $this->weight=$weight;
    }
    function showeMe(){
    echo"我是篮球运动员{$this->name},我的身体是{$this->height}厘米,我的体重是
{$this->weight}千克<br>";
    }
class basketball extends sport{
}
}
$ball=new basketball('张三','190','80');
$ball->showeMe();
```

本案例子类继承了父类的构造方法和普通方法，构造方法用来初始化变量，篮球子类实

例化时传递了三个参数到构造方法初始化三个变量,然后调用父类的 showMe() 方法,输出结果:我是篮球运动员张三,我的身体是 190 厘米,我的体重是 80 千克。

　　在上面案例的基础上,再加大一点难度,比如增加一个子类举重,即运动类下面有篮球、举重两个子类分别继承了运动父类。而在活动规则中,打篮球注重运动员的身高,而举重则注重运动员的体重,所以当父类的方法不满足子类时,子类需要根据自身实际情况来写代码,示例代码如下:

```php
<meta charset="utf-8">
<?php
class sport     //父类
{
    public $name;
    public $sex;
    public $height;
    public $weight;

    function __construct($name,$height,$weight){
        $this->name=$name;
        $this->height=$height;
        $this->weight=$weight;
    }
    function showMe(){
        echo"我是父类里面的 showMe 方法<br>";
    }
}
class basketball extends sport{          // 子类 1   showMe 方法重写
    function showMe(){
        if($this->height>185)
            echo "{$this->name}符合打篮球的条件<br>";
        else
            echo "{$this->name}不符合打篮球的条件<br>";
    }
}
class weightlift extends sport{   //子类 2   showMe 方法重写
    function showMe()
    {
        if($this->weight>85)
            echo $this->name."符合举重的条件<br>";
        else
            echo $this->name."不符合举重的条件<br>";
```

```
        }
    }
$ball=new basketball('张三','190','80');
$lift=new weightlift('李四','190','90');
$ball->showMe();
$lift->showMe();
```

　　父类中有 showMe() 方法,而两个子类中也有这个方法。当父类和子类都有相同的属性名和方法名时,优先使用子类自己的属性和方法。子类的方法重新写一遍父类的方法叫作重写或覆盖。根据传递的参数得到结果:张三符合打篮球的条件,李四符合举重的条件。

　　在此之前,一直讲述都是面向过程编程,而面向对象编程思路一开始有点难理解,并且涉及的关键字较多且较长。再举一个单词量较小的案例来巩固前面讲过的知识点。比如将宠物类作为一个父类,小猪、小猫、小狗都是其子类,子类可以继承父类的特点。例如,父类宠物具有眼睛、鼻子、嘴巴、品种等属性,能发出声音、睡觉等方法,而子类小猪、小狗、小猫也具备这样的属性和方法,即继承了父类的属性和方法。但它们可以有自己独有的属性或方法,小狗和小猪的品种存在差异,发出的声音也不尽相同,充分展现了子类的独特性。示例代码如下:

```
<meta charset="utf-8">
<?php
class pet                    //父类宠物
{
    var $name;
    var $hobby;
    var $cry;
    function __construct($name,$hobby,$cry){
        $this->name=$name;
        $this->hobby=$hobby;
        $this->cry=$cry;
    }
    function cry(){
        echo $this->name."这个宠物都会发出".$this->cry."叫声<br>";
    }
    function hobby(){
        echo  $this->name."这个宠物有".$this->hobby."的爱好 1<br>";
    }
}
class pig extends pet{     // 子类小猪   父和子之间形成一种继承关系,子类没有的方法
和属性就用父类的,子类的有的方法和属性,优先使用自己的。          function cry(){    //
子类中的 cry 方法,叫作重写,方法里面的内容可能与父类一致,
```

```
也可能不一致(派生)
        echo "这个是子类的新 cry 方法<br>";
    }
}
class dog extends pet{
    function hobby()
    {
        echo $this->name."这个宠物有".$this->hobby."的爱好 2<br>";
    }
}
$pig1=new pig('乔治','蓝色电吹风','打响');
$dog1=new dog('旺财','睡觉','旺旺');
$pig1->cry();
$pig1->hobby();
$dog1->cry();
$dog1->hobby();
```

　　父类有两个普通方法,两个子类分别有一个自己的方法。子类的实例化过程中传递不同的值,体现子类不同的特点。本案例进一步地说明,子类没有的方法和属性就用父类的,子类的有的方法和属性,优先使用自己的。同学们也可以增加一个小猫子类来描述小猫的特点并输出。

6.4　面向对象封装性

　　封装性是面向对象的第二大特性,PHP 中使用三个修饰符 public,protected,private来对类中的成员属性、成员方法进行封装。其中,public 用于说明被修饰的变量或方法是公开的,没有隐藏信息,谁都能使用,一般默认的是公用的;protected 用于说明被修饰的变量或方法是受到保护的,可以在类的内部类或子类中使用;private 用于说明被修饰的变量或方法是私有的,只能在内部类中使用,下面案例中有具体介绍。

　　接着 6.3 节宠物案例来举例说明三个修饰词的应用范围,父类中的属性及方法名前面加上了修饰词 public,protected,private。没有加修饰词,默认公共的,内外部都可以使用;加上了 protected,private 修饰词,结果不一样,下面案例有详细备注说明,示例代码如下:

```
<meta charset="utf-8">
<?php
class pet{
    public $name="佩琪";//public 外部可以使用,内部也能使用
    protected $sex="母";//protected 外部不能使用,内部可以使用,子类可以使用
    private $age=4;      //private 外部不能使用,内部可以使用,但子类不能使用
```

```
        var $height="1 米";
        var $weight;
    protected  function cry(){
            echo"这个宠物会叫,它的名字是".$this->name.",它的性别是".$this->sex.",
它的年龄是".$this->age."它的身高是".$this->height."<br>";
        }
}
class pig extends pet{
    public  function run(){
            echo"这个小猪跑得快,它叫".$this->name.",它的性别是".$this->sex.",它的
年龄是".$this->age."它的身高是".$this->height."<br>";
        }
    public  function rewrite_cry(){
            $this->cry();
        }
}
$pet=new pet();
$pig=new pig();
echo $pet->name."<br>";
echo $pig->name."<br>";
//echo $pet->sex."<br>";    //有误,外部不能使用
//echo $pig->sex."<br>";    //有误,外部不能使用
//echo $pet->age."<br>"; //报错,外部不能使用
//echo $pig->age."<br>"; //报错,外部不能使用
//$pet->cry(); //报错,外部不能使用,因为 cry 方法前面加了 protected 关键字
//$pig->cry(); //报错,外部不能使用,因为 cry 方法前面加了 protected 关键字
$pig->run();//有误,子类里面的 age 不能用,前面加了 private 关键字
$pig->rewrite_cry();//外部不能用,子类可以用
```

由于在性别变量 $sex 前面加上了修饰词 protected,外部不能使用,但内部可以使用,子类也可以使用。在年龄变量 $age 前面加上了 private,外部不能使用,内部可以使用,但子类也不能使用,甚至报错。三个修饰词保护强度是 private>protected>public。

考虑到有些息对外不可见,大部分属性和方法前面加 protected 修饰词多些,这个修饰词虽然不能对外,但可以在子类中使用,都通过子类来调用。比如,父类 cry()方法就在前面加上了 protected 修饰词,然后在子类 rewrite_cry()方法中重新调用了父类的 cry()方法。

6.5 分页类案例分析

打开百度主页,在主页中输出一个关键字,可以看出与关键字相关的内容有很多,一页

看不完,可以通过分页查看,可以在下面的分页中选择一页查看搜索内容。这个页面可以通过面向对象中的分页类实现。根据演示效果,需要掌握几个参数:总共的条数、每页几条、当前页等。具体实现步骤如下。

步骤 1:先把框架做出来,在这里定义了一组留学信息表二维数组,先将三个参数(总共的条数、每页几条、当前页)设置好并输出检验结果,第一步代码通过扫描二维码获取。

代码: 二维数组
的留学信息表

步骤 2:以表格的形式输出数组,再根据上面的参数及数组截取函数 array_slice()将表格每 5 条分隔好并输出。接着步骤 1 代码,如下所示:

```php
$getData=array_slice($data,($currentPage- 1)*$itemsPerPage,$itemsPerPage);
echo"<pre>";
print_r($getData);
echo"</pre>";
?>
<table align="center" border="1" width="800" cellpadding="0" cellspacing="0">
    <caption><h1>留学信息表</h1></caption>
    <tr><th>序号</th><th>标题</th></tr>
    <?php
    foreach ($getData as $row)
    {
        echo"<tr>";
        foreach($row as $value)
        {
            echo"<td>".$value."</td>";
        }
        echo"</tr>";
    }
    ?>
</table>
```

步骤 3:下载分页类(Paginator. php),这个类是已经写好的,约 345 行代码,我们只要拿来直接使用即可,通过网址(http://github. com)下载分页类,根据提示下载好,再通过 require_once 'Paginator. php';语句引用,引用分页类的过程中有错误提示,说明下载好的分页类还需要处理一些小细节,比如域名空间可以删除,或多余的符号用不了也可以删除。

步骤 4:引入分页类后,根据本章所学的知识,需要实例化类形成对象,并将分页类输出。实例化过程中涉及四个参数,其中三个已经设置好,最后一个参数需要和浏览器地址栏里的参数页一致,所以,在实例化前增加一行代码 $urlPattern = 'page. php?page=(:num)';接着后面的两行代码如下所示:

```
$urlPattern='page.php?page=(:num)';
$Paginator=new Paginator($totalItems, $itemsPerPage, $currentPage, $urlPattern);
echo "<center>".$Paginator."</center>";
?>
```

步骤 5：为了使分页类更加美观，对分页类引入外部样式 bootstrap. css 文件，并优化分页类，具体示例代码如下：

```
<link type="text/css" rel="stylesheet" href="css/bootstrap.css">
class Paginator
{
    const NUM_PLACEHOLDER ='(:num)';
    protected $totalItems;
    protected $numPages;
    protected $itemsPerPage;
    protected $currentPage;
    protected $urlPattern;
    protected $maxPagesToShow =10;
    protected $previousText ='上一页';
protected $nextText ='下一页';
......
```

调试运行达到预期效果，实现了类似于百度中的分页类，具体结果如图 6-3 所示。

图 6-3 分页类效果图

通过分页类案例的讲解，让我们了解到学会应用别人的框架有多重要。本案例用了两个框架：一个是分页类 Paginator. php 框架，另一个是外部样式 bootstrap. css 框架。目前，市面上有很多框架值得我们学习和应用，但只有当我们具备一定的程序基础，能识别相关代码，对接相关参数，用起来才能得心应手。

思政小课堂

（1）唯有掌握过硬的本领，方能适应新技术迅猛发展的新时代需求。

（2）要学会实现前后知识的迁移，在应用实践中掌握编程语言知识，对不同的程序设计方法进行分类，总结每类问题的程序设计思路，多多做到融会贯通，以此来培养创新和实践能力。

第 6 章　拓展学习

习题 6

第**7**章

PHP 与 MySQL 数据库

前面的章节主要介绍了 PHP 语言基本内容,但仅用 PHP 语言开发 Web 程序是远远不能满足用户实际需求。Web 程序中的各类数据需要数据库存储,只有在数据库配合的基础上,PHP 才能发挥最大作用。从本章开始,将介绍数据库相关知识。一般而言,使用 PHP 进行 Web 开发时,都是以 MySQL 作为数据库,二者黄金搭档,完美结合。

学习目标

(1) 掌握数据库基础知识。

(2) 会连接数据库。

(3) 掌握数据库基础操作(增、删、改、查)。

(4) 理解 PHP 操纵数据库。

思政目标

(1) 培养大学生具备较强的防诈意识。

(2) 培养大学生大胆尝试、勇于创新精神。

(3) 培养大学生职业道德、人文素养、社会责任、敬业精神。

(4) 培养大学生制作与发布符合基本规范、传递正能量的网页,使其做到网络文明、遵守法律法规。

7.1 数据库基础

第 1 章搭建 PHP 开发环境时已讲过 MySQL 如何安装,设置密码等操作。打开数据库常用的有三种方式:第一种根据第 1 章讲过的开发平台,通过用户名和密码从数据库管理页面进入;第二种在开发平台服务器目录中进入,打开 C:\AppServ\MySQL\bin\mysql. ext 即可进入;第三种方式是常用的方式,通过 MS - DOS 界面连接用户名和密码进入。

通过 win+r 进入运行对话框中,输入 cmd 进入 MS - DOS 界面,默认的目录是 C:\ Users\Administrator,需要切换到当前目录 cd C:\AppServ\MySQL\bin,按"回车"键,切换到数据库目录,然后输入用户名和密码连接数据库,如图 7 - 1 所示。

进入数据库命令页中,通过前面学过的数据库知识,进一步地巩固数据库基本的操作:增、删、改、查等。比如显示数据库、打开表、创建数据库、创建表、插入表数据、修改表数据、删除表数据、查找表数据等操作。数据库操作语句常用三块内容:数据库定义语句、数据库

图 7 - 1　数据库连接

操纵语句、数据库查找语句。

7.1.1　DDL 数据定义语句

DDL 数据格式如下：

（1）create database 库名，创建数据库；

（2）use 库名，使用数据库或选择数据库；

（3）create database/table 库名/表名，创建表或数据库；

（4）drop database 库名，删除数据库；

（5）drop table 表名，删除表；

（6）show databases，查看所有库；

（7）show tables ，查看所有表；

（8）desc 表名 ，查看表结构。

进入数据后，第一时间是显示当前有多少数据库，可以根据需要创建数据库、删除数据库、创建表、删除表，或切换到当前数据库，查看表及表结构等操作。

首先查看数据库，发现里面有四个数据库，是系统自带数据库。在 MySQL 中，它可以分为系统数据库和用户数据库两大类；系统数据库是指安装 MySQL 服务器时附带安装的一些与系统状态有关的数据库，它会记录与数据对象、机器性能及用户有关的一些必需的信息，用户通常不能直接使用或修改这些库。另外，还有一个 test 数据库，也是系统为用户测试及学习用的数据库。如图 7 - 2 所示。

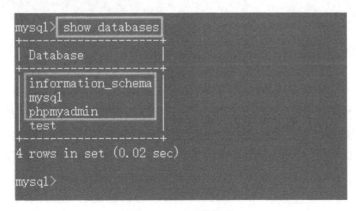

图 7 - 2　显示数据库

根据用户需要创建数据库，比如创建一个名称为 liu 的数据库，并查看数据库是否创建成功，操作命令如图 7-3 所示。

```
mysql> create database liu;
Query OK, 1 row affected (0.00 sec)

mysql> show databases;
+--------------------+
| Database           |
+--------------------+
| information_schema |
| liu                |
| mysql              |
| phpmyadmin         |
| test               |
+--------------------+
5 rows in set (0.00 sec)
```

图 7-3 创建数据库

创建好的数据库若不需要，可以删除数据库，删除后再查看数据库是否删除成功，操作命令如图 7-4 所示。

```
mysql> drop database liu;
Query OK, 0 rows affected (0.24 sec)

mysql> show databases;
+--------------------+
| Database           |
+--------------------+
| information_schema |
| mysql              |
| phpmyadmin         |
| test               |
+--------------------+
4 rows in set (0.02 sec)

mysql>
```

图 7-4 删除数据库

数据库是由数据表构成的，数据以表格的形式存放在数据库中，数据库创建好后，选择数据库，在数据库中创建表。创建表有难度，每个字段都有具体要求，如类型、大小、是否主键、是否为空等都要细心设置，一个符号都不能出错，出错就提示创建表失败，具体操作命令如图 7-5 所示。

表格建好后，可以通过命令 show tables 查看是否创建成功，还可以通过命令 desc 查看表结构，具体操作如图 7-6 所示。

图 7-5　选择数据库、创建表

图 7-6　显示表、查看表结构

　　创建好的表格不需要了,也可以通过命令做删除操作,删除后,数据库中就是空表(当数据库中只有一张表时),如图 7-7 所示。

图 7-7　删除表、查看表

7.1.2　DML 数据操纵语句

　　格式如下:

(1) insert into 表名 values(……),插入表数据(增加);

(2) update 表名 set 字段名…… ,修改表数据;

(3) delete from 表名 where …… ,删除表数据。

数据操纵语句主要是对数据库表做增加、删除、修改操作,根据上面创建好的表,先插入相应值,再查看插入的数据,操作命令如图 7-8 所示。

```
mysql> insert into shop(name,price,num,desn)values('vb','35.6','160','this is a vb book'),
('java','55','100','this is a java book');
Query OK, 2 rows affected (0.09 sec)
Records: 2  Duplicates: 0  Warnings: 0

mysql> select * from shop;
+----+------+-------+-----+---------------------+
| id | name | price | num | desn                |
+----+------+-------+-----+---------------------+
|  1 | vb   |  35.6 | 160 | this is a vb book   |
|  2 | java |    55 | 100 | this is a java book |
+----+------+-------+-----+---------------------+
2 rows in set (0.00 sec)
```

图 7-8　插入表数据

表格中的数据需要做修改或更新时,可以通过关键字 where 确定需要修改哪条、哪几个字段值,具体操作命令如图 7-9 所示。

```
+----+------+-------+-----+---------------------+
|  1 | vb   |  35.6 | 160 | this is a vb book   |
|  2 | java |    55 | 100 | this is a java book |
|  3 | vb   |  35.6 | 160 | this is a vb book   |
|  4 | java |    55 | 100 | this is a java book |
|  5 | vb   |  35.6 | 160 | this is a vb book   |
|  6 | java |    55 | 100 | this is a java book |
+----+------+-------+-----+---------------------+
6 rows in set (0.00 sec)

mysql> update shop set name='c#',price='39.99',num='199' where id=3;
Query OK, 1 row affected (0.09 sec)
Rows matched: 1  Changed: 1  Warnings: 0

mysql> select * from shop;
+----+------+-------+-----+---------------------+
| id | name | price | num | desn                |
+----+------+-------+-----+---------------------+
|  1 | vb   |  35.6 | 160 | this is a vb book   |
|  2 | java |    55 | 100 | this is a java book |
|  3 | c#   | 39.99 | 199 | this is a vb book   |
|  4 | java |    55 | 100 | this is a java book |
|  5 | vb   |  35.6 | 160 | this is a vb book   |
|  6 | java |    55 | 100 | this is a java book |
+----+------+-------+-----+---------------------+
6 rows in set (0.00 sec)
```

图 7-9　修改表数据

　　表格中某条数据不需要了,可以通过命令做删除操作,通过关键字 where 带条件删除,具体操作命令如图 7-10 所示。

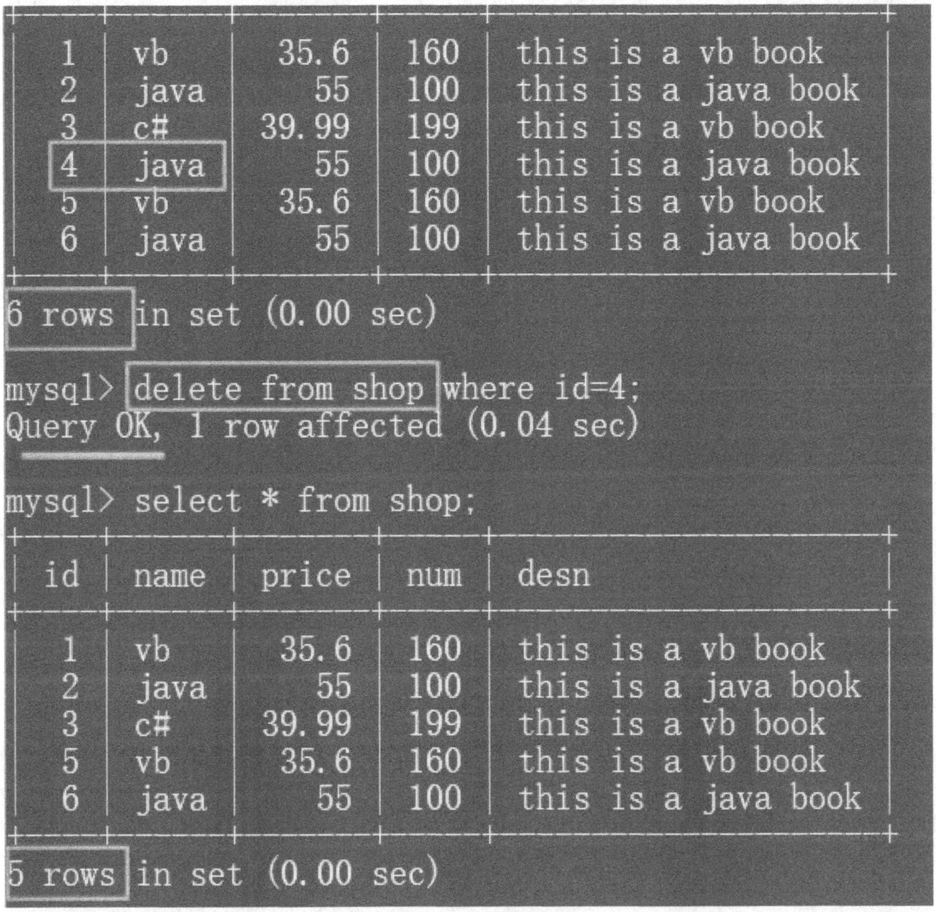

图 7-10　删除表数据

7.1.3　DQL 数据查询语句

　　select *from 表名;有各种查找语句,比如查找数据表中某个字段的最大值、最小值、平均值、限定查找、模糊查找等。

　　查找结果 select *from 表名,一般默认升序 asc 命令,如需要按照 id 降序查找,可通过 order by id desc 命令,如图 7-11 所示。

　　还可以查找前几条,通过限定语句 limit 条数来实现查找前 3 条数据,如图 7-12 所示。

　　另外,有时需要查找第 2 条到第 7 条,既有选择性地查找,也可以通过 limit 命令,在后面多加一个参数,如 limit 1,5;第一个数字表示下标,第二个数字表示条数,具体操作命令如图 7-13 所示。

　　通过 like 语句模糊查找包含的字符,比如查找书名中含有 v 的字母,like'%v%',具体操作命令如图 7-14 所示。

```
mysql> select * from shop order by id desc;
+----+------+-------+-----+----------------------+
| id | name | price | num | desn                 |
+----+------+-------+-----+----------------------+
| 10 | java |    55 | 100 | th9⬚is is a java book|
|  9 | vb   |  35.6 | 160 | this is a vb book    |
|  8 | java |    55 | 100 | th9⬚is is a java book|
|  7 | vb   |  35.6 | 160 | this is a vb book    |
|  6 | java |    55 | 100 | this is a java book  |
|  5 | vb   |  35.6 | 160 | this is a vb book    |
|  3 | c#   | 39.99 | 199 | this is a vb book    |
|  2 | java |    55 | 100 | this is a java book  |
|  1 | vb   |  35.6 | 160 | this is a vb book    |
+----+------+-------+-----+----------------------+
9 rows in set (0.03 sec)
```

图 7‑11　按照 id 降序排序

```
mysql> select * from shop limit 3;
+----+------+-------+-----+---------------------+
| id | name | price | num | desn                |
+----+------+-------+-----+---------------------+
|  1 | vb   |  35.6 | 160 | this is a vb book   |
|  2 | java |    55 | 100 | this is a java book |
|  3 | c#   | 39.99 | 199 | this is a vb book   |
+----+------+-------+-----+---------------------+
3 rows in set (0.00 sec)
```

图 7‑12　查找前 3 条数据

```
mysql> select * from shop limit 1,5;
+----+------+-------+-----+---------------------+
| id | name | price | num | desn                |
+----+------+-------+-----+---------------------+
|  2 | java |    55 | 100 | this is a java book |
|  3 | c#   | 39.99 | 199 | this is a vb book   |
|  7 | vb   |  35.6 | 160 | this is a vb book   |
|  5 | vb   |  35.6 | 160 | this is a vb book   |
|  6 | java |    55 | 100 | this is a java book |
+----+------+-------+-----+---------------------+
5 rows in set (0.00 sec)
```

图 7‑13　查找第 2 条开始的前 5 条数据

```
mysql> select * from shop where name like 'v%';
+----+------+-------+-----+-------------------+
| id | name | price | num | desn              |
+----+------+-------+-----+-------------------+
|  1 | vb   |  35.6 | 160 | this is a vb book |
|  7 | vb   |  35.6 | 160 | this is a vb book |
|  5 | vb   |  35.6 | 160 | this is a vb book |
|  9 | vb   |  35.6 | 160 | this is a vb book |
+----+------+-------+-----+-------------------+
4 rows in set (0.03 sec)
```

图 7-14　查找包含字母 v 的数据

查找数据表中总共的条数,用 count(*)命令实现,查找数据表中最大的价格 max(price),查找数据表中数量最小的 min(num),查找数据表中价格平均值 avg(price),分别如图 7-15 至图 7-18 所示。

```
mysql> select count(*) from shop;
+----------+
| count(*) |
+----------+
|        9 |
+----------+
1 row in set (0.00 sec)
```

图 7-15　查找总共条数

```
mysql> select max(price) from shop;
+------------+
| max(price) |
+------------+
|         55 |
+------------+
1 row in set (0.05 sec)
```

图 7-16　查找价格最大值

数据库的操纵语句和查找语句有很多,比如可以更改表名、字段名以及查找条件更复杂的语句等,这里列举了常用的语句,感兴趣同学可以网上查。

```
mysql> select min(num) from shop;
+----------+
| min(num) |
+----------+
|      100 |
+----------+
1 row in set (0.00 sec)
```

图 7 - 17　查找数量最小值

```
mysql> select avg(price) from shop;
+------------+
| avg(price) |
+------------+
|      44.71 |
+------------+
1 row in set (0.00 sec)
```

图 7 - 18　查找价格平均值

7.2　连接数据库及数据库操纵

　　7.1 节内容介绍了三种连接数据库的方式,最常用的方式是在 MS - DOS 中输入用户名和密码连接数据。然而,这只是在数据库中操纵数据库,只有将 PHP 与数据库结合起来,才能发挥 PHP 的作用,因此,需要 PHP 来操纵数据库。在 PHP 中包含了丰富的数据库函数,如何连接数据库并对数据库做相关操作是本节的重点内容。

　　根据 MS - DOS 命令连接数据库原理,PHP 连接数据库代码类似。

　　步骤 1:连接数据库,通过函数 mysqli_connect 来连接数据库,连接成功与否都有相应提示,示例代码如下:

```php
<meta charset="utf-8">
<?php
//一、连接数据库
$conn=mysqli_connect(localhost,root ,123456);
if($conn)
    echo"数据库连接成功<br>";
else
    echo"数据库连接失败<br>".mysqli_error($conn);
```

步骤 2：选择数据库，通过数据库函数 mysqli_select_db( )来选择当前要用的数据库 test，示例代码如下：

```
//二、选择数据库
mysqli_select_db($conn,test);
```

步骤 3：创建表格，根据 MS‐DOS 命令思路，先写命令，按"回车"键，查看结果。按"回车"键其实是在执行，执行完了显示结果。数据库中的执行语句 mysqli_query( )通过 var_dump( )查看结果，示例代码如下：

```
//三、创建表，分三步，先写代码，再执行，最后查看结果
$sql="create table if not exists shop(id int not null auto_increment primary key,
name varchar(20) not null,
price double not null default'0.00',num int not null default '0',desn varchar(50)
not null )";
$result=mysqli_query($conn,$sql);
echo"<pre>";
var_dump($result);
echo"</pre>";
```

步骤 4：插入数据操作，创建表后，插入字段对应数据，既可以插入一条，也可以插入多条，每条之间用逗号分隔。思路与创建表一致，分为三步：写插入数据代码，写数据库执行语句，写查看结果语句。示例代码如下：

```
//四、插入数据，分三步
//$sql="insert into shop(name,price,num,desn)values('vb','35.6','160','this is a
vb book'),('java','55','100','this is a java book')";
$result=mysqli_query($conn,$sql);
echo"<pre>";
var_dump($result);
echo"</pre>";
```

步骤 5：增加两个函数，由于插入了数据，数据库表发生了变化，可通过自动增长的 id 及受影响的行数查看。在 MS‐DOS 中，也有类似的提示语句，比如 Query OK，2 rows affected 等。每次插入两条数据，id 会自动增加 2，受影响的行数也为 2。示例代码如下：

```
//五、增加两个函数
$id=mysqli_insert_id($conn);
echo "自动增长的 id 是".$id."<br>";
$rows=mysqli_affected_rows($conn);
```

```
echo "受到影响的行数是".$rows."条<br>";
if($rows>0)
    echo"记录集插入成功<br>";
else
    echo"记录集插入失败<br>";
```

步骤 6：修改数据操作，和上面的创建表格及插入数据一样，也分为三步：写修改数据代码，写数据库执行语句，写查看结果语句。具体示例代码如下：

```
//六、修改，分三步
$sql="update shop set name='java4',num=200 where id=4";
$result=mysqli_query($conn,$sql);
echo"<pre>";
var_dump($result);
echo"</pre>";
```

步骤 7：删除数据操作，还是和上面的步骤一致，分为三步：写删除数据代码，写数据库执行语句，写查看结果语句。具体示例代码如下：

```
//七、删除，分三步
$sql="delete from shop where id=4";
$result=mysqli_query($conn,$sql);
echo"<pre>";
var_dump($result);
echo"</pre>";
```

上述数据表的创建、插入数据、修改数据、删除数据、新增函数等代码运行结果如图 7-19 所示。

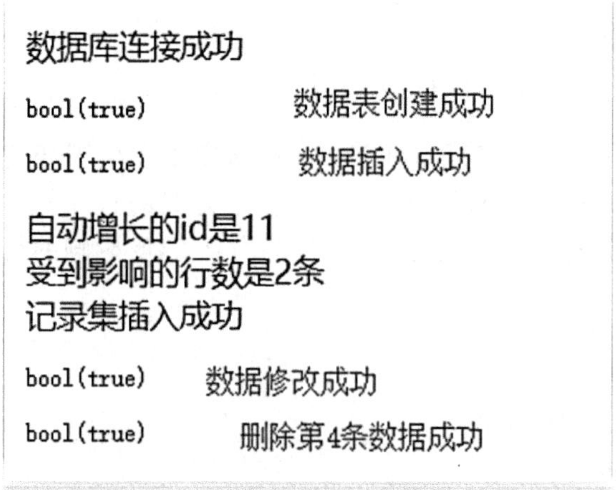

图 7-19　数据库操纵语句输出结果

通过 PHP 代码操纵数据库,除了在网页页面能查看是否操作成功,还可以在数据库管理页面查看结果。以上用 PHP 代码创建表、插入表数据、修改表数据、删除表数据,即用 PHP 代码实现了对数据库的操作。

7.3　数据库查找操作

在 7.2 节的 PHP 对数据库操作过程中,网页页面仅显示操作是否成功,插入表数据、删除表数据、修改表数据并没有在网页显示。我们希望数据库中的数据能在网页页面中显示出来,本小节可通过查找语句来实现。查找语句和数据库操纵语句一致,也分为三步:写查找数据代码,写数据库执行语句,写查看结果语句。

首先用数据库函数 mysqli_num_rows( )统计数据库表有多少条记录,然后一条一条地抓取这些记录,重复操作,所以需要用 while 循环来实现数据抓取并显示。抓取数据函数为 mysqli_fetch_array($result,MYSQL_ASSOC),第一个参数是资源集,第二个参数有三种形式:既可以是索引数组(MYSQL_NUM),也可以是关联数组(MYSQL_ASSOC),还可以是混合数组(MYSQL_BOTH)。具体示例代码如下:

```
//八、查找,分三步
$sql="select *  from shop";
$result=mysqli_query($conn,$sql);
$count=mysqli_num_rows($result);
echo "数据表中有".$count."条数据<br>";
while($data=mysqli_fetch_array($result,MYSQL_ASSOC))
{
    echo"<pre>";
    print_r($data);
    echo"</pre>";
}
```

根据上述代码,调试运行,输出结果,如图 7-20 所示。

从上例输出结果可知,并不是一条一条地显示在网页,这种方式查看数据比较费劲,若能与数据库中的表一样显示数据或者和 excel 表格一样一条一条地显示数据,则查看起来很省力。数组能以表格形式输出数据,同样道理,数据库也能以表格形式输出数据库表中的数据,示例代码如下:

```
//八、查找 select 语句(返回一个结果集), 增、删、改都是非 select(返回 true,false),分三步
$sql="select * from shop order by id asc";
$result=mysqli_query($conn,$sql);
$count=mysqli_num_rows($result);   //结果集中有多少条记录
```

```
数据表中有11条数据

Array
(
    [id] => 1
    [name] => vb
    [price] => 35.6
    [num] => 160
    [desn] => this is a vb book
)

Array
(
    [id] => 2
    [name] => java
    [price] => 55
    [num] => 100
    [desn] => this is a java book
)

Array
(
    [id] => 3
    [name] => c#
    [price] => 39.99
    [num] => 199
    [desn] => this is a vb book
)
```

图 7－20　查找语句输出结果

```
echo "结果集中有".$count."条记录<br>";
?>
<table align="center" width="600" cellspacing="0" cellpadding="0" border="1">
      <caption><h1>图书信息表</h1></caption>
<tr><th>序号</th><th>书名</th><th>价格</th><th>数量</th><th>描述</th></tr>
<?php
if($count>0)
{
   while($data=mysqli_fetch_array($result,MYSQL_ASSOC)) //ASSOC 以关联数组的形
式输出,NUM 索引数组形式输出,BOTH 两者都行
   {
      echo"<tr align='center'>";
        echo"<td>".$data['id']."</td>";
        echo"<td>".$data['name']."</td>";
        echo"<td>".$data['price']."</td>";
        echo"<td>".$data['num']."</td>";
        echo"<td>".$data['desn']."</td>";
```

```
        echo"</tr>";
    }
}
?>
</table>
```

本案例在前一案例第 4 条数据已删除的基础上套一层表格代码，加上表格标题及表头字段代码，运行得出以表格形式显示数据，如图 7－21 所示。

图书信息表

序号	书名	价格	数量	描述
1	vb	35.6	160	this is a vb book
2	java	55	100	this is a java book
3	c#	39.99	199	this is a vb book
5	php	35.6	160	this is a php book
6	java	55	100	this is a java book
7	vb	35.6	160	this is a vb book
8	php	68	100	this is a php book
9	vb	35.6	160	this is a vb book
10	java	55	100	this is a java book
11	vb	35.6	160	this is a vb book
12	java	55	100	this is a java book

图 7－21　表格形式输出数据

上面的案例在前一案例的基础上进行了优化，以表格的形式输出，而表格的格式非常普通，如果能应用外部样式来显示数据，那么能达到更加美观的效果。下面将根据前端知识，引用外部样式输出更好看的表格，示例代码如下：

```
<meta charset="utf-8">
<link type="text/css" href="css/bootstrap.css" rel="stylesheet">
<div class="container">
    <div class="col- sm- offset- 2 col- sm- 8" >
        <table class="table table- striped">
            <caption><h1>图书信息表</h1></caption>
<tr><th>序号</th><th>书名</th><th>价格</th><th>数量</th><th>描述</th><th
colspan="2">操作</th></tr>
            <?php
            if($count>0)
            {
```

```
while($data=mysqli_fetch_array($result,MYSQL_ASSOC))
//ASSOC 以关联数组的形式输出,NUM 索引数组形式输出,BOTH 两者都行
            {
                    echo"<tr align='center'>";
                    echo"<td>".$data['id']."</td>";
                    echo"<td>".$data['name']."</td>";
                    echo"<td>".$data['price']."</td>";
                    echo"<td>".$data['num']."</td>";
                    echo"<td>".$data['desn']."</td>";
echo"<td><a href='addbook.php'><button type='button' class='btn btn- info'>添
加</button></a></td>";
echo"<td><a href='delete.php? id={$data['id']}'><button type='button' class='
btn btn- danger'>删除</button></a></td>";
echo"</tr>";
                    }
            }
            ?>
        </table>
    </div>
</div>
```

通过 link 语句引入了外部样式 bootstrap. css,引用了样式表中的主体、屏宽、表格、按钮等类,得到更加美观的表格,输出结果如图 7 - 22 所示。

图 7 - 22　外部样式显示表格

注意,增、删、改语句(也称为非 select 语句)执行后返回的是一个布尔值。若是 true,则返回执行成功;若是 false,则返回执行失败。而查找语句(也称 select 语句)返回的是结果集,即数据库表中的记录集。

7.4 PHP 操纵数据库

根据 7.3 节外部样式输出结果,网页中有三个按钮的功能并没有实现,在本节中讲解一个在网页上也能实现数据增、删、改的功能,真正实现用 PHP 来操纵数据库。本章前三节写代码过程中,有很多代码重复了,为了让网页页面思路清晰,同时确保页面的安全性和准确性,在上面几节的基础上,进一步地优化代码。分为主页面 index. php;显示数据页 list. php;增加页有两个:一个是增加数据页面 addbook. php,另一个是执行增加数据页面 add. php;删除页 delete. php;修改页,和增加页一样,也有两个:一个是修改数据页面 updatebook. php,另一个是执行修改数据页面 update. php。

首先来讲主页,主页就是一个框架页,从连接数据库到选择数据库,再到操作数据库。操作数据库主要是查找数据并引用外部文件 list. php 来显示数据,再到释放数据库及关闭数据库。主页代码的思路清晰,层次分明,具体代码如下:

```
<meta charset="utf-8">
<link type="text/css" href="css/bootstrap.css" rel="stylesheet">
<?php
//一、连接数据库
$conn=mysqli_connect(localhost,root ,123456) or die('数据库连接失败！').mysqli_
error();
//二、选择数据库
mysqli_select_db($conn,test);
//三、查找,分三步(写代码、执行、查看结果)
$sql="select * from shop";
$result=mysqli_query($conn,$sql);
$count=mysqli_num_rows($result);
//四、查看结果,以 list.php 文件来输出
require_once 'list.php';
//五、释放资源
mysqli_free_result($result);
//六、关闭数据库
mysqli_close($conn);
```

第二个页面是显示数据页面 list. php,该页面在 7.3 节中已详细讲解,通过引用外部样式以更美观的形式显示数据,在此省略,不再赘述。值得注意的是,三个按钮新增加了一列,

需要在表头字段加上跨 3 列代码 colspan="3"。另外,需要链接到新的页面,特别是删除和修改,除了链接页面,还需要传递参数,这样才知道要修改或删除的是哪一条记录,主要示例代码如下:

```
......
<tr><th>序号</th><th>书名</th><th>价格</th><th>数量</th><th>描述</th><th
colspan="3">操作</th></tr>
......
echo"<td><a href='addbook.php'><button type='button' class='btn btn-info'>添
加</button></a></td>";
echo"<td><a href='delete.php? id={$data['id']}'><button type='button' class='
btn btn-danger'>删除</button></a></td>";
echo"<td><a href='updatebook.php? id={$data['id']}'><button type='button'
class='btn btn-info'>修改</button></a></td>";
......
```

代码:添加
数据页面

第三个页面是 addbook. php,主页和显示页做好后,需要在 list. php 页面用三个按钮链接新页面,实现增加、删除、修改的功能,因此,第三个页面就是添加数据页面 addbook. php,这个页面也引用了外部样式,使用添加数据页面更美观,主要示例代码可通过扫描二维码获取。

添加数据页面主要以 HTML 代码为主,用表单文本框获取数据,有 4 个文本框及一个提交按钮,分别用样式实现。通过引用外部样式,输出结果如图 7 - 23 所示。

添加图书信息
名称
价格
数量
描述
提交

图 7 - 23　添加图书信息面板

第四个页面是执行添加数据页面 add. php,将第三个页面中的数据插入数据库中,并显示到主页面。思路与前面所学的一样,分为三步:首先写代码,然后执行代码,最后查看结果。本案例增加了预准备语句,通过使用预处理语句 mysqli_stmt,提高数据库操作的安全性和有效性。整体思路是从预准备工作,到参数绑定,再到执行预处理语句。具体示例代码如下:

```
<meta charset="utf-8">
<?php
//一、连接数据库
$conn=mysqli_connect(localhost,root ,123456) or die('数据库连接失败！').mysqli_
error();
//二、选择数据库
mysqli_select_db($conn,test);
//插入操作(分三步)，考虑到安全性，做预准备的操作
//三、预备操作
$stmt= mysqli _ prepare ($conn, ' insert into shop (name, price, num, desn) values
(?,?,?,?)');
if(!$stmt)
{
    die('数据插入有误，请核实').mysqli_error($conn);
    exit;
}
//四、获取表单的数据
$name=$_POST['name'];
$price=$_POST['price'];
$num=$_POST['num'];
$desn=$_POST['desn'];
//五、绑定数据
mysqli_stmt_bind_param($stmt,'sdss',$name,$price,$num,$desn);
//六、执行
mysqli_stmt_execute($stmt);
//七、查看结果
if(mysqli_stmt_affected_rows($stmt)>0)
    echo"<script>alert('数据添加成功！');window.location.href='index.php';</
script>";
else
    echo"<script>alert('数据插入失败！');</script>";
```

　　执行上面代码，调试运行结果，先填写添加面板数据，点提交数据，弹出添加数据成功提示框，最后在主页中显示添加好的数据，分别如图 7 - 24 至图 7 - 26 所示。

　　第五个页面是 updatebook. php，完成添加数据页面，接下来做修改数据页。和添加数据页面一样，也需要一个修改数据面板页。添加数据面板和修改数据面板的不同处有两点：第一点是修改页面要获取数据，添加页面不用获取数据；第二点是修改页面需要传 id，添加页面不用传 id。基于此，修改页面 updatebook. php 需要在添加页面 addbook. php 进一步地补充代码即可，主要补充代码可通过扫描二维码获取。

代码：修改页面
updatebook.php

图 7‑24　填入添加面板数据

图 7‑25　添加数据成功提示

图书信息表

序号	书名	价格	数量	描述	操作
13	python	34.8	500	this is python book	添加　删除　修改

图 7‑26　主页显示添加数据

　　从案例代码中得出,这个页面需要接收传递过来的 id 值,通过 $\_GET['id']$ 全局变量获取。另外,由于要显示修改的数据,所以要在每个文本框中的 value 值中加上一个 php 输出代码(如 echo $data['num']$)对应的值。运行代码,输出结果分别如图 7‑27 至图 7‑29 所示。

　　第六个页面是 update. php 是执行修改数据页面,该页面和执行添加数据页面有同样思路,用了预处理语句,考虑数据的安全性和有效性,从预准备工作到绑定参数再到执行参数。不同之处在于修改数据页面传递了 id 值,该页面需要接收传过来的 id。具体代码如下:

图 7 - 27　数据修改面板页

图 7 - 28　修改成功提示框

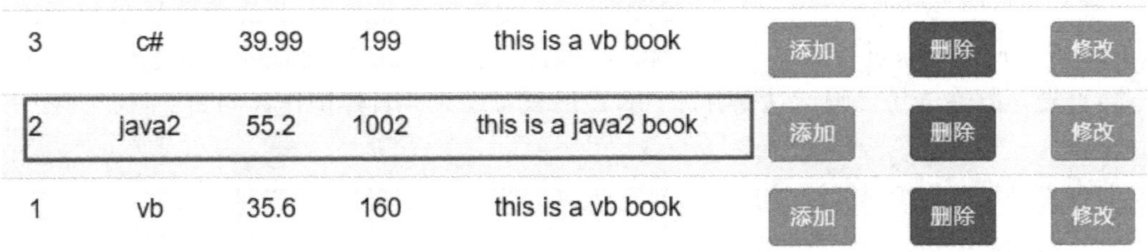

图 7 - 29　显示修改结果

```
<meta charset="utf-8">
<?php
//一、连接数据库
$conn=mysqli_connect(localhost,root ,123456) or die('数据库连接失败!').mysqli_
error();
//二、选择数据库
mysqli_select_db($conn,test);
//修改操作(分三步),考虑到安全性,做预准备的操作
//先要接收传过来的 id,同时其他四个数据一起获取
$id=$_POST['id'];
$name=$_POST['name'];
$price=$_POST['price'];
$num=$_POST['num'];
$desn=$_POST['desn'];
$stmt=mysqli_prepare($conn,'update shop set name=?,price=?,num=?,desn=? where
id='.$id);
if(!$stmt)
{
    echo"数据执行有误,请核实".mysqli_error($conn);
    exit;
}
//绑定数据
mysqli_stmt_bind_param($stmt,'sdss',$name,$price,$num,$desn);
//执行代码
mysqli_stmt_execute($stmt);
//查看结果
if(mysqli_stmt_affected_rows($stmt)>0)
    echo"<script>alert('数据修改成功!');window.location.href='index.php';</
script>";
else
    echo"<script>alert('数据修改失败!');</script>";
```

　　第七个页面是 delete. php,也是数据操纵页面中最后一个页面,将主页链接参数中传过来的 id 值对应的记录进行删除操作。删除页面最简单,只要在本页面接收传过来的 id,分为三步:首先写删除语句代码,然后执行语句,最后查看结果。具体操作代码如下:

```
<meta charset="utf-8">
<?php
//一、连接数据库
```

```
$conn=mysqli_connect(localhost,root ,123456) or die('数据库连接失败！').mysqli_
error();
//二、选择数据库
mysqli_select_db($conn,test);
//三、做删除操作，分三步（写代码、执行、查看结果）
//先接收传过来的 id
$id=$_GET['id'];
$sql='delete from shop where id='.$id;
$result=mysqli_query($conn,$sql);
if($result==true)
    echo"<script>alert('数据删除成 ');window.location.href='index.php';</
script>";
else
    echo"<script>alert('数据删除失败！');</script>";
```

　　调试运行时，选中第 12 条记录，单击"删除"按钮，此时，把 id＝12 传递到 delete.php 页面，该页面通过全局变量 $_ GET[id]接收，执行相应语句，得到删除成功提示框，主页再显示刚删除的第 12 条记录，分别如图 7－30 和图 7－31 所示。

图 7－30　数据删除成功提示框

图书信息表

序号	书名	价格	数量	描述	操作		
13	python	34.8	500	this is python book	添加	删除	修改
11	vb	35.6	160	this is a vb book	添加	删除	修改

图 7－31　主页显示删除后的数据

思政小课堂

（1）学习数据库应用和开发过程中，能进一步地了解职业道德的重要性，比如尊重数据隐私、遵守数据安全规定等。大学生应树立正确的职业观念和职业道德。

（2）多学习与数据库技术相关的文化背景和历史渊源，比如数据库技术的发展历程、重要人物等，以提高自身的文化素养。

（3）数据库应用系统的设计和开发过程中，注重团队协作精神，比如需要各个部门协同合作、共同参与等，大学生要树立正确的团队协作观念和合作精神。

第 7 章　拓展学习　　　　习题 7

第8章

新闻管理系统的设计与实现

本章根据前面所学的知识设计一个综合项目,实现新闻管理系统数据的增、删、改、查功能。涉及的知识点有数组、面向对象、PHP 数据操作等。本系统主要功能有发布新闻、修改新闻、删除新闻、按照关键字查找新闻、分页浏览新闻。因此,涉及的页面有数据库链接页、菜单页两个公共页面、主页面、发布新闻页、修改新闻页面、删除新闻页面、搜索页面、分页浏览页面。

📘 学习目标

(1) 掌握数据库导入方法。
(2) 会创建新闻管理系统公共页面。
(3) 掌握创建新闻管理系统增加、删除、修改页面操作。
(4) 掌握创建新闻管理系统查找或搜索页面操作。
(5) 掌握创建新闻管理系统分页页面操作。

📗 思政目标

(1) 通过综合案例分析,提高大学生正确认识问题、分析问题和解决问题的能力。
(2) 培养大学生吃苦耐劳、团结合作、爱岗敬业、使命担当等综合素养。
(3) 引导大学生在应用实践中掌握编程语言知识,学会举一反三,注重知识迁移,大胆应用创新。
(4) 提高大学生防诈防骗意识。

8.1 数据库导入

数据库导入一般有两种方法:第一种是把数据库中的数据表直接拷贝到 C:\AppServ\MySQL\data 文件夹中。第二种方式是导入数据库,较常用。操作步骤是:先建立数据库,按 import 导入数据库,选择要导入的文件,单击右下角的"执行"按钮即可以导入数据库,具体操作步骤分别如图 8-1 至图 8-3 所示。

图 8-1　创建数据库

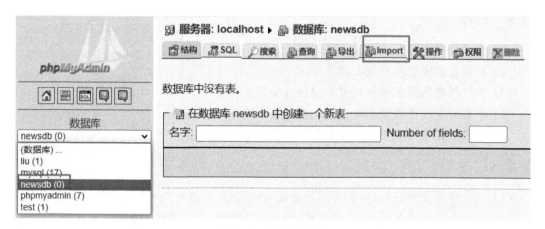

图 8-2　导入数据库

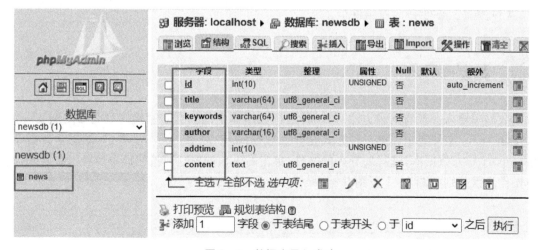

图 8-3　数据库导入成功

8.2　公共页面

从第 7 章 PHP 操纵数据库的案例发现,有些代码在多个页面中重复写了好几遍,比如数据库连接代码,在增加、删除、修改、查找页面中都写了一遍,即凡是与数据库有交集的页面都要写数据库连接代码。重复写同样的代码效率太低了,若能将这些代码写到一个页面当中,哪个页面需要时,直接去调用或引用,则能节省更多的时间和空间,从而优化代码,提高效率。因此,首先写一个数据连接页作为第一个页面,也是公共页 conn. php,具体代码如下:

```
<meta charset="utf-8">
<title>数据库连接</title>
<?php
$link=mysql_connect("localhost","root","123456") or die("数据库连接失败!".mysql_
error());
    mysql_select_db("newsdb");
    mysql_query("set names utf-8");
?>
```

第二个公共页面是菜单页 menu. php,类似于数据库连接页面,菜单页几乎是每个页面都需要引用的公共页面,相当于导航页面。该页面主要是 HMTL 代码,具体代码如下:

```
<meta charset="utf-8">
<title>新闻管理系统导航页</title>
<center>
<h2>新闻管理系统</h2>
<a href="index.php">浏览新闻</a>|  
<a href="add.php">发布新闻</a>|  
<a href="search.php">搜索新闻</a>|  
<a href="page.php">分页浏览新闻</a>
<hr width="85%">
</center>
```

导航公共页面运行结果如图 8-4 所示。

图 8-4　导航页效果图

第三个页面是主页面 index. php，在公共页面完成后，可以开始建立主页面。主页面用来显示数据库中的数据。示例代码如下：

```
<meta charset="utf-8">
<title>新闻管理系统主页</title>
<?php
include("menu.php");
include("conn.php");
?>
<center>
<h3>浏览新闻</h3>
    <table align="center" width="70%" border="1" cellpadding="2" cellspacing="0">
        <tr><th>新闻 ID</th><th>新闻标题</th><th>关键字</th><th>作者</th><th>发布时间</th><th>新闻内容</th><th>操作</th></tr>
        <?php
        $sql="select *  from news order by addtime desc";
        $result=mysql_query($sql);
        while($row=mysql_fetch_assoc($result))
        {
    echo"<tr align='center'>";
        echo"<td>".$row['id']."</td>";
        echo"<td>".$row['title']."</td>";
        echo"<td>".$row['keywords']."</td>";
        echo"<td>".$row['author']."</td>";
        echo"<td>".date('Y-m-d',$row['addtime'])."</td>";
        echo"<td>".$row['content']."</td>";
        echo"<td><a href='update.php? id={$row['id']}'><button type='button'>修改</button></a>  
        <a href='option.php? id={$row['id']}&&opt=delete'><button type='button'>删除</button></a></td>";
        echo"</tr>";
        }
        ?>
    </table>
</center>
```

数据库中表一共有六个字段和两个按钮，该页面主要和第 7 章显示页面类似，首先按时间降序查找数据表中的数据，然后一条一条地抓取，通过 while 循环语句一条一条输出并显示到页面。运行结果如图 8-5 所示。

新闻管理系统

浏览新闻 | 发布新闻 | 搜索新闻 | 分页浏览新闻

浏览新闻

新闻ID	新闻标题	关键字	作者	发布时间	新闻内容	操作	
40	fds	fdsf	fdsfds	2023-12-22	fcxdsfsa	修改	删除
39	考试	考试	刘教师	2023-12-22		修改	删除
38	ewq	ewqe	ewq	2023-12-22	rewrewr	修改	删除
37	增加一条	增加	李四	2022-06-06	再增加一条新闻，看结果	修改	删除
36	最后一周上课	上课	张三	2022-06-06	最后一周上课了，请大家好好复习	修改	删除
35	计算机技能应用大赛	计算机 大赛	刘老师	2022-05-30	请同学们多做题目，确保拿 到证书	修改	删除
33	快要期末考试！27	期末考试	刘老师	2022-05-27	请各位同学抓紧时间复习，就考这个题目	修改	删除
31	ff	ff	张三	2016-05-25	张三延长?	修改	删除
30	rr	rr	赵六	2016-05-25	fsdfsdfsfds	修改	删除
29	qq22	qq 版本	腾讯	2016-05-25	qq 升级了，请关注噢	修改	删除

图 8-5 主页面效果图

8.3 增加、修改、删除操作

本节主要讲解数据表的增加、修改、删除操作，即新闻的发布、修改、删除操作。与第 7 章数据库增、删、改的不同之处是新闻管理系统将增加、删除、修改 3 个功能集中在同一个页面 option. php，而第 7 章案例分别做 3 个执行页面，每个页面实现各自的功能。两个案例虽然有不同之处，但是增加新闻和修改新闻获取数据面板页面功能基本一致，因此，第 4 个增加新闻面板页和第 5 个修改新闻面板页代码有很多相似之处。

首先讲解第 4 个增加新闻面板 add. php 页面，本案例没有用外部样式，都是很容易理解的 HTML 代码。首先建立一个表单，在表单中建一张 5 行 2 列的表格；然后建 4 个文本框和 1 个文本区域；最后建立发布和重置按钮。具体操作代码如下：

```
<meta charset="utf-8">
<title>增加新闻</title>
<?php
include 'menu.php';
?>
<center>
    <h3>发布新闻</h3>
<form name="f1" id="f1" action="option.php?opt=add" method="post">
<table width="400" border="1" align="center" cellspacing="0" cellpadding="0">
<!--<tr>-->
```

```
<!--<td>新闻序号</td>-->
<!--<td><input type="text" id="id" name="id" value=""></td>-->
<!--</tr>-->
        <tr>
          <td>新闻标题</td>
          <td><input type="text" id="title" name="title" value=""></td>
        </tr>
        <tr>
      <td>关键字</td>
<td><input type="text" id="key" name="keywords" value=""></td>
      </tr>
        <tr>
          <td>作者</td>
          <td><input type="text" id="author" name="author" value=""></td>
        </tr>
      <input type="text" id="addtime" name="addtime" value="" hidden>
        <tr>
    <td>新闻内容</td>
    <td><textarea cols="25" rows="5" id="content" name="content" ></textarea></
td>
      </tr>
<tr>
    <td colspan="2" align="center">
<input type="submit" id="sub" name="sub" value="发布">
<input type="reset" id="reset" name="reset" value="重置">
      </td>
</tr>
        </table>
      </form>
</center>
```

代码中的新闻标题已经备注了,是因为只要发布新闻,新闻 id 会自动增加。另外,文本框新闻添加时间隐藏了,因为新闻时间是系统默认的时间,会根据系统的时间自动添加,不需要显示出来。发布新闻效果如图 8-6 所示。

代码:修改
新闻页面

第 5 个页面是修改新闻页面 update. php,本页面与发布新闻页面一致。由于修改新闻需要获取修改的记录数据,所以需要接收主页修改新闻按钮传过来的 id 值。另外,需要在每个文本框中加上 value 值,文本域没有 value 值,直接写在<textarea></textarea>之间,具体操作代码扫描二维码获取。

运行代码,修改新闻面板页面如图 8-7 所示。

第 6 个页面是增、删、改操作页面 option. php,通过这个页面将发布新闻

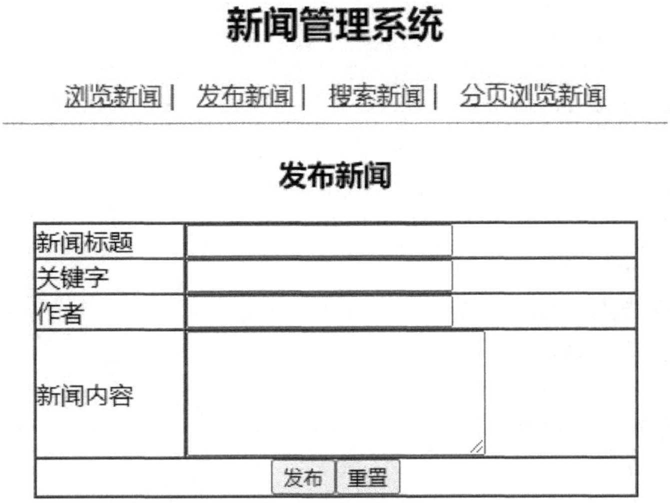

新闻管理系统

浏览新闻 | 发布新闻 | 搜索新闻 | 分页浏览新闻

发布新闻

新闻标题		
关键字		
作者		
新闻内容		
	发布　重置	

图 8-6　发布新闻面板页

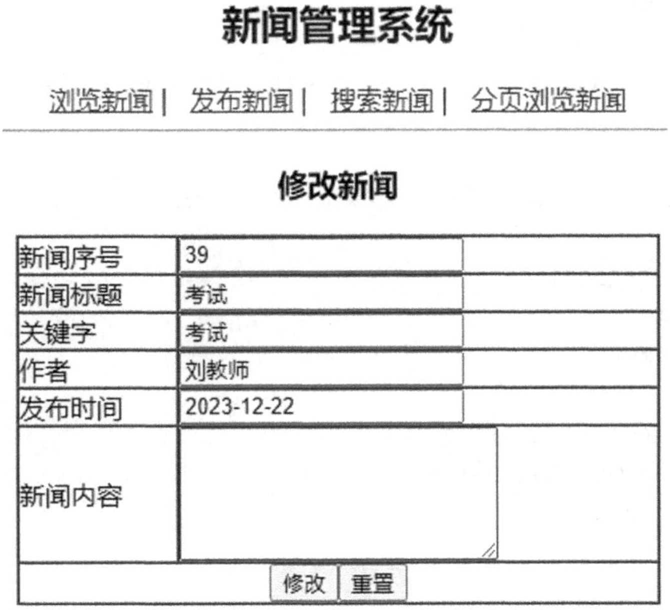

新闻管理系统

浏览新闻 | 发布新闻 | 搜索新闻 | 分页浏览新闻

修改新闻

新闻序号	39	
新闻标题	考试	
关键字	考试	
作者	刘教师	
发布时间	2023-12-22	
新闻内容		
	修改　重置	

图 8-7　修改新闻面板页

和修改新闻面板页的数据及主页链接带的参数 id 值传过来,并执行增、删、改功能。本案例没用预处理,而是通过 if—elseif—else 多分支语句来做选择操作。当传过来的值是 add 时,则做发布新闻操作;当传过来的值是 update 时,则做修改新闻操作;当传来的值是 delete 时,则做删除新闻操作。具体操作代码如下:

```php
<meta charset="utf-8">
<title>增、删、改操作</title>
<?php
include 'conn.php';
$opt=$_GET['opt'];
if($opt=='add')
{
    //添加新闻操作
    //做三步前,先获取表单的数据
    $title=$_POST['title'];
    $keywords=$_POST['keywords'];
    $author=$_POST['author'];
    $addtime=time();
    $content=$_POST['content'];
    $sql="insert into news(title,keywords,author,addtime,content) values('
{$title}','{$keywords}','{$author}','{$addtime}','{$content}')";
    $result=mysql_query($sql);
    if($result==true)
echo"<script>alert('新闻添加成功!');window.location.href='index.php';</
script>";
    else
        echo"<script>alert('新闻添加失败!');</script>";
}
elseif($opt=='update')
{
    //修改新闻操作
    $id=$_POST['id'];
    $title=$_POST['title'];
    $keywords=$_POST['keywords'];
    $author=$_POST['author'];
    $addtime=time();
    $content=$_POST['content'];
$sql="update news set title='{$title}',keywords='{$keywords}',author='{$author}
',addtime='{$addtime}',content='{$content}' where id={$id}";
    $result=mysql_query($sql);
    if($result==true)
  echo"<script>alert('新闻修改成功!');window.location.href='index.php';</
script>";
    else
        echo"<script>alert('新闻修改失败!');</script>";
```

```
}
elseif($opt=='delete')
{
    //删除新闻操作
    // 接收 index.php 页面传过来的 ID
    $id=$_GET['id'];
    $sql="delete from news where id={$id}";
    $result=mysql_query($sql);
    if($result==true)
echo"<script>alert('新闻删除成功！');window.location.href='index.php';</
script>";
else
echo"<script>alert('新闻删除失败！');</script>";
}
else
{
    echo "参数有误,请核实！";
}
?>
```

　　本页面代码需要注意两点：第一点，判断语句中条件是等号，即两个赋值号；第二点，PHP 操纵数据库思路都是分三步，即首先写操纵语句，然后执行，最后输出查看结果。

　　首先实现发布新闻操作步骤，主页点击发布新闻链接，跳到发布新闻面板页面，在页面中输入要发布的文字内容，点击"发布"按钮，弹出发布成功提示框，并将结果显示在主页面，具体效果图分别如图 8-8 至图 8-10 所示。

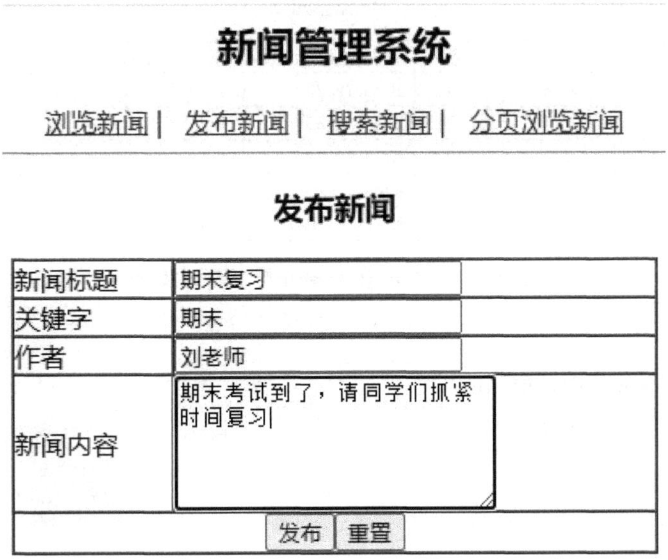

新闻管理系统

浏览新闻 |　发布新闻 |　搜索新闻 |　分页浏览新闻

发布新闻

新闻标题	期末复习	
关键字	期末	
作者	刘老师	
新闻内容	期末考试到了，请同学们抓紧时间复习	

发布　重置

图 8-8　填写新闻内容

图 8-9　新闻添加成功提示框

新闻管理系统

浏览新闻｜　发布新闻｜　搜索新闻｜　分页浏览新闻

浏览新闻

新闻ID	新闻标题	关键字	作者	发布时间	新闻内容	操作	
41	期末复习	期末	刘老师	2023-12-26	期末考试到了，请同学们抓紧时间复习	修改	删除
39	考试39	考试39	刘老师39	2023-12-26	第39条记录，现在已经修改	修改	删除
40	fds	fdsf	fdsfds	2023-12-22	fcxdsfsa	修改	删除
38	ewq	ewqe	ewq	2023-12-22	rewrewr	修改	删除
37	增加一条	增加	李四	2022-06-06	再增加一条新闻，看结果	修改	删除

图 8-10　主页显示新增一条记录

　　然后实现删除数据功能，单击主页面"删除"按钮，弹出新闻删除成功对话框，再通过主页面显示结果，第 41 条记录被删除，效果如图 8-11 至图 8-13 所示。

新闻管理系统

浏览新闻｜　发布新闻｜　搜索新闻｜　分页浏览新闻

浏览新闻

新闻ID	新闻标题	关键字	作者	发布时间	新闻内容	操作	
41	期末复习	期末	刘老师	2023-12-26	期末考试到了，请同学们抓紧时间复习	修改	删除
39	考试39	考试39	刘老师39	2023-12-26	第39条记录，现在已经修改	修改	删除
40	fds	fdsf	fdsfds	2023-12-22	fcxdsfsa	修改	删除
38	ewq	ewqe	ewq	2023-12-22	rewrewr	修改	删除
37	增加一条	增加	李四	2022-06-06	再增加一条新闻，看结果	修改	删除

图 8-11　点击第 41 条记录"删除"按钮

localhost 显示

新闻删除成功！

确定

图 8-12　新闻删除成功提示框

新闻管理系统

浏览新闻 ｜ 发布新闻 ｜ 搜索新闻 ｜ 分页浏览新闻

浏览新闻

新闻ID	新闻标题	关键字	作者	发布时间	新闻内容	操作
39	考试39	考试39	刘老师39	2023-12-26	第39条记录，现在已经修改	修改　删除
40	fds	fdsf	fdsfds	2023-12-22	fcxdsfsa	修改　删除
38	ewq	ewqe	ewq	2023-12-22	rewrewr	修改　删除

图 8‑13　主页显示删除一条记录

　　最后实现修改新闻页面功能，单击主页中第 39 条记录"修改"按钮，跳转到修改数据面板页面，填好要修改的内容，单击"修改"按钮，弹出新闻修改成功对话框，单击"确定"按钮，主页显示已修改的第 39 条记录，效果分别如图 8‑14 至图 8‑17 所示。

新闻管理系统

浏览新闻 ｜ 发布新闻 ｜ 搜索新闻 ｜ 分页浏览新闻

浏览新闻

新闻ID	新闻标题	关键字	作者	发布时间	新闻内容	操作
40	fds	fdsf	fdsfds	2023-12-22	fcxdsfsa	修改　删除
39	考试	考试	刘教师	2023-12-22		修改　删除
38	ewq	ewqe	ewq	2023-12-22	rewrewr	修改　删除
37	增加一条	增加	李四	2022-06-06	再增加一条新闻，看结果	修改　删除

图 8‑14　修改新闻前记录

新闻管理系统

浏览新闻 ｜ 发布新闻 ｜ 搜索新闻 ｜ 分页浏览新闻

修改新闻

新闻序号	39	
新闻标题	考试	
关键字	考试	
作者	刘教师	
发布时间	2023-12-22	
新闻内容		

修改　重置

图 8‑15　填写修改新闻面板数据

图 8 - 16　新闻修改成功提示框

新闻管理系统

浏览新闻 | 发布新闻 | 搜索新闻 | 分页浏览新闻

浏览新闻

新闻ID	新闻标题	关键字	作者	发布时间	新闻内容	操作	
39	考试39	考试39	刘老师39	2023-12-26	第39条记录，现在已经修改	修改	删除
40	fds	fdsf	fdsfds	2023-12-22	fcxdsfsa	修改	删除
38	ewq	ewqe	ewq	2023-12-22	rewrewr	修改	删除
37	增加一条	增加	李四	2022-06-06	再增加一条新闻，看结果	修改	删除

图 8 - 17　主页显示修改一条记录

8.4　搜索操作

第 7 个页面是搜索页面 search. php，这个页面根据新闻的标题、关键字、作者等来搜索想要的记录，主要用到了模糊查找语句。搜索页的思路在主页面的基础上加了表单及文本框、按钮标记，用来实现搜索功能。先将搜索页面框架建立好，再根据关键字做模糊查找，还是使用 if—elseif—else 多分支语句判断文本框中的关键字来实现搜索功能。具体操作代码如下：

```
<meta charset="utf-8">
<title>新闻管理系统搜索页面</title>
<?php
include("menu.php");
include("conn.php");
?>
<center>
    <h3>搜索新闻</h3>
    <form name="f1" action="search.php" method="get">
```

新闻标题：< input type ="text" name ="title" value ="<? php echo $ _ GET ['title'];?>">

关键字：<input type="text" name="keywords" value="<?php echo $_GET['keywords'];?>">

作者：< input type =" text " name =" author " value =" <? php echo $ _ GET ['author'];?>">

<input type="submit" name="sub" value="搜索">

< input type ="button" name ="btn" value ="全部信息" onclick ="window.location.href='search.php'">

</form>

<table align="center" width="70%" border="1" cellpadding="2" cellspacing="0">

<tr><th>新闻 ID</th><th>新闻标题</th><th>关键字</th><th>作者</th><th>发布时间</th><th>新闻内容</th><th>操作</th></tr>

```php
<?php
//1.先获取数据
$where="";
$title=$_GET['title'];
$keywords=$_GET['keywords'];
$author=$_GET['author'];
if(!empty($title))
    $where="where title like '%{$title}%'";
elseif(!empty($keywords))
    $where="where keywords like '%{$keywords}%'";
elseif(!empty($author))
    $where="where author like '%{$author}% '";
else
    $where="";
$sql="select * from news {$where} order by addtime desc";
$result=mysql_query($sql);
while($row=mysql_fetch_assoc($result))
{
    echo"<tr align='center'>";
    echo"<td>".$row['id']."</td>";
    echo"<td>".$row['title']."</td>";
    echo"<td>".$row['keywords']."</td>";
    echo"<td>".$row['author']."</td>";
    echo"<td>".date('Y- m- d',$row['addtime'])."</td>";
    echo"<td>".$row['content']."</td>";
    echo"<td><a href='update.php? id={$row['id']}'><button type='button'>
```

```
修改</button></a>  
    <a href='option.php? id={$row['id']}&&opt=delete'><button type='button'>删
除</button></a></td>";
            echo"</tr>";
        }
        ?>
    </table>
</center>
```

搜索页面按照关键字搜索的思路是:先查找所有的数据,再按照某个字段去查找,得出不同的结果,此时,可否考虑用按照文本框的值去查找呢。根据这个思路,判断文本框中的值不为空时,将模糊查找的语句赋值给变量条件 $where,这样能实现按照不同关键字来搜索,从而实现搜索功能,操作步骤分别如图 8-18 至图 8-21 所示。

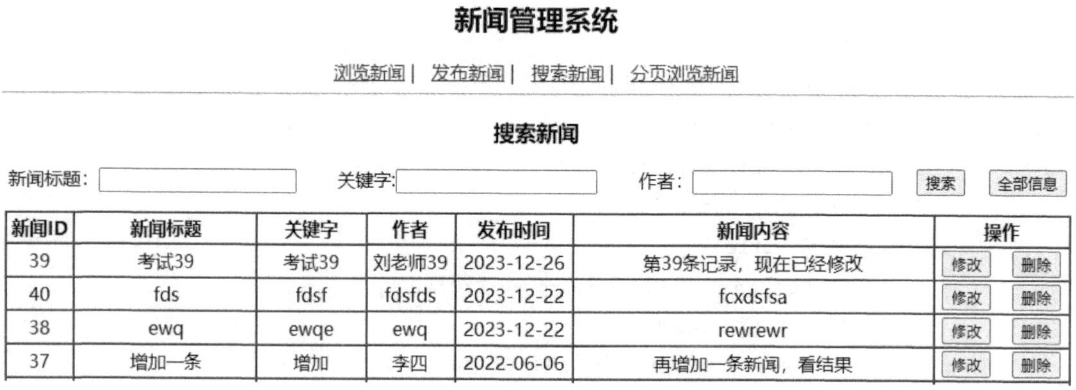

新闻管理系统

浏览新闻 | 发布新闻 | 搜索新闻 | 分页浏览新闻

搜索新闻

新闻标题: [_____]　关键字: [_____]　作者: [_____]　[搜索] [全部信息]

新闻ID	新闻标题	关键字	作者	发布时间	新闻内容	操作
39	考试39	考试39	刘老师39	2023-12-26	第39条记录，现在已经修改	[修改] [删除]
40	fds	fdsf	fdsfds	2023-12-22	fcxdsfsa	[修改] [删除]
38	ewq	ewqe	ewq	2023-12-22	rewrewr	[修改] [删除]
37	增加一条	增加	李四	2022-06-06	再增加一条新闻，看结果	[修改] [删除]

图 8-18　搜索功能界面

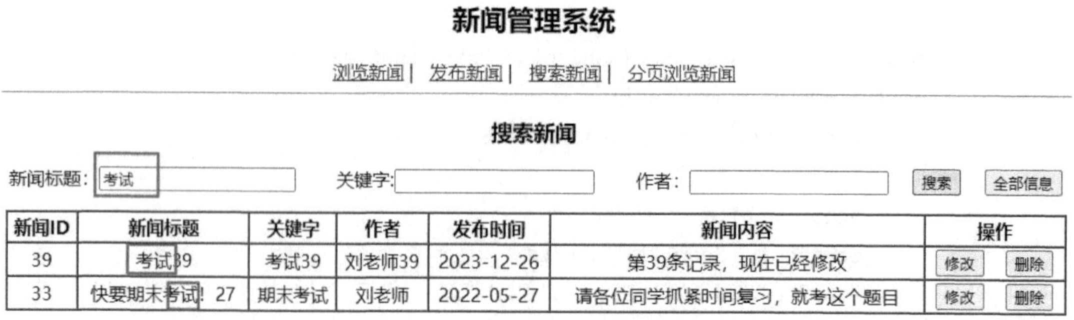

新闻管理系统

浏览新闻 | 发布新闻 | 搜索新闻 | 分页浏览新闻

搜索新闻

新闻标题: [考试_____]　关键字: [_____]　作者: [_____]　[搜索] [全部信息]

新闻ID	新闻标题	关键字	作者	发布时间	新闻内容	操作
39	考试39	考试39	刘老师39	2023-12-26	第39条记录，现在已经修改	[修改] [删除]
33	快要期末考试! 27	期末考试	刘老师	2022-05-27	请各位同学抓紧时间复习，就考这个题目	[修改] [删除]

图 8-19　按照新闻标题搜索

当然,也可以实现两个或三个条件搜索,比如要求按照新闻标题和关键字同时符合条件时搜索记录。同样的思路,在 elseif 语句中条件表达式用逻辑运算符 and 语句实现,赋值语句也增加 and 来实现两个条件或三个条件进行搜索,请同学们思考并实现。

新闻管理系统

浏览新闻 |　发布新闻 |　搜索新闻 |　分页浏览新闻

搜索新闻

新闻标题:　[　　　]　　关键字:[f]　　作者:　[　　　]　　[搜索]　[全部信息]

新闻ID	新闻标题	关键字	作者	发布时间	新闻内容	操作	
40	fds	fdsf	fdsfds	2023-12-22	fcxdsfsa	修改	删除
31	ff	ff	张三	2016-05-25	张三延长?	修改	删除

图 8‑20　按照关键字搜索

新闻管理系统

浏览新闻 |　发布新闻 |　搜索新闻 |　分页浏览新闻

搜索新闻

新闻标题:　[　　　]　　关键字:[　　]　　作者:[刘老师]　　[搜索]　[全部信息]

新闻ID	新闻标题	关键字	作者	发布时间	新闻内容	操作	
39	考试39	考试39	刘老师39	2023-12-26	第39条记录，现在已经修改	修改	删除
35	计算机技能应用大赛	计算机 大赛	刘老师	2022-05-30	请同学们多做题目，确保拿 到证书	修改	删除
33	快要期末考试! 27	期末考试	刘老师	2022-05-27	请各位同学抓紧时间复习，就考这个题目	修改	删除

图 8‑21　按照作者搜索

8.5　分页操作

第 8 个页面是分页浏览新闻 page. php 页面，这个页面既可以用普通方法写代码实现，也可以根据第 6 章面向对象分页类来实现。现分别讲解两种方法，首先按照普通编写代码的方法来实现分页功能。

分页功能和搜索功能一样，与主页有很多相似之处，只是在表格后面多加了一行，增加了分页功能，包含当前页、总共的页、起始记录、结束记录、上一页、下一页、首页、尾页等链接。讲面向对象分页类时，需要理解页面中的参数，目的是能与分页类中的参数对接，从而实现分页功能。

本页最大的难度是需要理解分页的原理和相关参数。其原理是限定性查找语句并输出记录，涉及的参数有总共的条数，每页几条，当前页，总共几页，地址栏页面，偏移量，开始记录，结束记录，上一页，下一页。

现分别对这些参数作解释。

总共的条数、每页几条、当前页、总共几页、地址栏页面这 5 个参数在第 6 章拓展学习 1～4 节视频分页类的案例中详细讲解过，这里不再赘述。

偏移量相当于数组的下标，从 0 开始，用在限定语句查找，即从哪里条记录开始找，找几条，$sql = " select * from news order by addtime desc limit { $offset } ,

{$itemsPerPage}";这条代码就是实现从哪条开始显示,显示几条的功能。

开始记录等于偏移量加 1,比如第 1 页显示 1~3 条记录,偏移量 $offset＝0;所以开始记录为 1,结束记录等于当前页＊每页几条,当前页为 1,每页 3 条,第 1 页的结束记录为 3。

上一页也分为两种情况,当前页等于 1 时,上一页不带链接,默认值为 0;当前页不等于 1 时,上一页带链接,且它的值为 $currentPage－1。

下一页和上一页类似,当前页等于最后一页时,下一页不带链接,默认值为 0;当前页不等于最后一页时,下一页带链接,且它的值为 $currentPage＋1。

有了上面的参数,就可以在表格的后面增加一行,且这一行需要跨 7 列,在这一行中输入相应参数和链接,具体操作代码如下:

```
<meta charset="utf-8">
<title>分页浏览新闻页</title>
<?php
    include("conn.php");
    include("menu.php");
    $sql="select *from news";
    $result=mysql_query($sql);
    // 总共的条数
    $totalItems=mysql_num_rows($result);
    $totalCols=mysql_num_fields($result);
    // 每页几条
    $itemsPerPage=3;
    //当前页
    $currentPage=isset($_GET['page'])?$_GET['page']:1;
    //总共几页
    $totalPage=($totalItems%$itemsPerPage==0)?$totalItems/$itemsPerPage : (int)
($totalItems/$itemsPerPage)+ 1;
    //地址栏页面
    $url="page.php";
    //偏移量
    $offset=($currentPage-1)*$itemsPerPage;
$sql =" select *  from news order by addtime desc limit { $offset } ,
{$itemsPerPage}";
    $result=mysql_query($sql);
    //开始记录
    $start=($currentPage- 1)*$itemsPerPage+ 1;
    //结束记录
    $end=($currentPage==$totalPage)? $totalItems : $currentPage *$itemsPerPage;
    //上一页
    $prev=($currentPage==1)? 0:$currentPage- 1;
```

```php
//下一页
  $next=($currentPage==$totalPage)? 0 : $currentPage+ 1;
?>
<center>
<h3>分页浏览新闻</h3>
 <table align="center" width="70%" border="1" cellpadding="2" cellspacing="0">
<tr><th>新闻 ID</th><th>新闻标题</th><th>关键字</th><th>作者</th><th>发布时间</th><th>新闻内容</th><th>操作</th></tr>
    <?php
    while($row=mysql_fetch_assoc($result))
    {
  echo"<tr align='center'>";
      echo"<td>".$row['id']."</td>";
      echo"<td>".$row['title']."</td>";
      echo"<td>".$row['keywords']."</td>";
      echo"<td>".$row['author']."</td>";
      echo"<td>".date('Y- m- d',$row['addtime'])."</td>";
      echo"<td>".$row['content']."</td>";
      echo"<td><a href='edit.php?id={$row['id']}'><button type='button'>修改</button></a>  
      <a href='option.php?id={$row['id']}&&opt=delete'><button type='button'>删除</button></a></td>";
    echo"</tr>";
    }
    ?>
<tr><td colspan=7 align="right">共<b><?php echo $totalItems ?></b>条记录, 本页显示<b><?php echo $start ?>- <?php echo $end ?></b>,<?php echo $currentPage ?>/<?php echo $totalPage ?>,
    <?php
    if($currentPage==1)
    echo" 首页  ";
    else
    echo" <a href='{$url}?page=1'>首页</a> ";
    if($prev)
    echo" <a href='{$url}?page={$prev}'>上一页</a> ";
    else
    echo" 上一页  ";
    if($next)
    echo" <a href='{$url}?page={$next}'>下一页</a> ";
    else
    echo" 下一页  ";
```

```
        if($currentPage==$totalPage)
    echo" 尾页  ";
        else
    echo" <a href='{$url}?page={$totalPage}'>尾页</a> ";
            ?>
        </td></tr>
        </table>
    </center>
```

分面浏览页面的参数较难理解,需要反复了解分页原理,才能更好地理解涉及的参数。另外,上一页、下一页、首页、尾页的链接原理也需要不断巩固。本页运行调试结果分别如图 8-22 至图 8-24 所示。

新闻管理系统

浏览新闻 | 发布新闻 | 搜索新闻 | 分页浏览新闻

分页浏览新闻

新闻ID	新闻标题	关键字	作者	发布时间	新闻内容	操作
39	考试39	考试39	刘老师39	2023-12-26	第39条记录,现在已经修改	修改 删除
40	fds	fdsf	fdsfds	2023-12-22	fcxdsfsa	修改 删除
38	ewq	ewqe	ewq	2023-12-22	rewrewr	修改 删除
					共**10**条记录,本页显示**1-3**,1/4, 首页 上一页 下一页 尾页	

图 8-22 分页浏览新闻首页

新闻管理系统

浏览新闻 | 发布新闻 | 搜索新闻 | 分页浏览新闻

分页浏览新闻

新闻ID	新闻标题	关键字	作者	发布时间	新闻内容	操作
37	增加一条	增加	李四	2022-06-06	再增加一条新闻,看结果	修改 删除
36	最后一周上课	上课	张三	2022-06-06	最后一周上课了,请大家好好复习	修改 删除
35	计算机技能应用大赛	计算机 大赛	刘老师	2022-05-30	请同学们多做题目,确保拿 到证书	修改 删除
					共**10**条记录,本页显示**4-6**,2/4, 首页 上一页 下一页 尾页	

图 8-23 分页浏览新闻中间页

代码: 面向对象
分页类案例

根据面向对象分页类案例来实现第二种分页的方法。由于应用了分页类,所以代码相对较少,但需要引用分页类"Pagiator. php"和外部样式"bootstrap. css"这两个文件。与之前的留学信息表不同之处在于,新闻管理系统是数据库存放数据,而留学信息表是数组存放数据。之前是用数据函数 count 统计数组中记录条数。本案例是用 mysql_num_rows( )统计记录条数。其他参数基本一致。扫描二维码获取该操作的相关代码。

新闻管理系统

浏览新闻｜　发布新闻｜　搜索新闻｜　分页浏览新闻

分页浏览新闻

新闻ID	新闻标题	关键字	作者	发布时间	新闻内容	操作
29	qq22	qq 版本	腾讯	2016-05-25	qq 升级了，请关注噢	修改　删除
					共**10**条记录, 本页显示**10-10**,4/4, 首页　上一页　下一页　尾页	

图 8-24　分页浏览新闻尾页

　　通过两种方法对比可知，前部分的参数都一样，由于分页类是引用外部小框架 Paginator. php，所以没有上一页、下一页、首页、尾页等参数及链接代码，而是通过 require " Paginator. php";引入，然后实例化分页类对象，最后输出分页类，同时引用外部样式优化分页类。具体操作结果如图 8-25 至图 8-27 所示。

新闻管理系统

浏览新闻｜　发布新闻｜　搜索新闻｜　分页浏览新闻

分页浏览新闻

新闻ID	新闻标题	关键字	作者	发布时间	新闻内容	操作
39	考试39	考试39	刘老师39	2023-12-26	第39条记录，现在已经修改	修改　删除
40	fds	fdsf	fdsfds	2023-12-22	fcxdsfsa	修改　删除
38	ewq	ewqe	ewq	2023-12-22	rewrewr	修改　删除
						1　2　3　4　下一页 »

图 8-25　分页类分页浏览首页

新闻管理系统

浏览新闻｜　发布新闻｜　搜索新闻｜　分页浏览新闻

分页浏览新闻

新闻ID	新闻标题	关键字	作者	发布时间	新闻内容	操作
37	增加一条	增加	李四	2022-06-06	再增加一条新闻，看结果	修改　删除
36	最后一周上课	上课	张三	2022-06-06	最后一周上课了，请大家好好复习	修改　删除
35	计算机技能应用大赛	计算机 大赛	刘老师	2022-05-30	请同学们多做题目，确保拿 到证书	修改　删除
						« 上一页　1　**2**　3　4　下一页 »

图 8-26　分页类分页浏览中间页

新闻管理系统

浏览新闻 | 发布新闻 | 搜索新闻 | 分页浏览新闻

分页浏览新闻

新闻ID	新闻标题	关键字	作者	发布时间	新闻内容	操作
29	qq22	qq 版本	腾讯	2016-05-25	qq 升级了，请关注噢	修改 删除
						« 上一页　1　2　3　4

图 8-27　分页类分页浏览尾页

思政小课堂

（1）通过典型程序实例，学会思考分析其中的人生感悟，培养良好品质，成为有理想信念、敢于担当的时代新人。

（2）在讲述综合实例后，引出程序设计的四点感悟：识大局、拘小节、懂规矩、强能力。实际生活和工作中也要识大局，注重细节，注重良好习惯的养成，做到懂规矩、守纪律，努力学习，不断提高自己的综合能力。

第 8 章　拓展学习

习题 8

第9章

PHP 与文件操作

文件是程序开发中的一个重要概念,也是最基本的内容之一。在实际应用中,经常需要从文件中读取数据,或者向文件中写入数据,如分析日志数据和记录日志等。作为编程的基本内容之一,大学生需要努力掌握文件处理的有关函数,并在实际应用中加强实践。本章将介绍一些常见的文件操作函数。

 学习目标

(1) 会文件的打开、关闭操作。
(2) 会文件的读写、追加操作。
(3) 理解文件的上传原理及约束条件。

 思政目标

(1) 通过讲解文件操作规范、权限设置,教育大学生做人做事的基本道理,遵守法律法规。
(2) 深化对 PHP 开发岗位的认识,培养良好的岗位素养。
(3) 培养大学生上传文件需符合基本规范及权限设置,引导大学生文明上网,传递正能量。

9.1 常见的文件操作

文件操作的流程和数据库一致,第一步是打开文件;第二步是操作文件,可以是读文件或写文件等;第三步是关闭文件。首先讲解文件打开和文件关闭函数。

9.1.1 文件的打开、关闭

在 PHP 中,可以通过函数 fopen( )和 fclose( )来实现文件的打开和关闭。下面分别介绍它们的使用格式与功能说明。

文件打开函数 fopen( )语法格式: $ file = fopen(filename, mode, include_path, context);功能:该函数用来打开一个文件或者 URL。该函数执行成功会返回一个指向打开文件的指针,打开失败返回 FALSE。

filename 必选项,规定要打开的文件或 URL,它既可以是文件的绝对路径或相对路径,也可以是 URL。mode 必选项,规定访问或打开该文件/流的方式。可能的取值在后面会详细介绍。include_path 可选项,如果需要在 include_path 中检索文件,可以将该参数设为 1 或 TRUE。此 include_path 须在 php. ini 里指定。context 可选项,规定文件句柄的环境。context 是可以修改流的行为的一套选项。

与打开文件对应的是关闭文件 fclose()函数,其使用格式:fclose($ file);功能:该函数用来关闭 $ file 参数所指的已打开文件。该函数执行成功会返回 TRUE,否则返回 FALSE。说明:对打开的文件操作完毕后,一定要使用 fclose( )关闭该文件,否则会出现错误。

下面举例说明打开文件 fopen()和关闭文件 fclose()配合使用,示例代码如下:

```
<meta charset="utf-8">
<?php
//以读的方式打开文件,然后关闭文件
$myfile=fopen('11.txt','r') or die('文件不存在');
fclose($myfile);
?>
```

文件以读的方式打开 11. txt 文件,当根目录 C:\AppServ\www 下没有 11. txt 文件时,会有文件不存在的提示,如图 9-1 所示。

图9-1　打开文件出错提示

9.1.2　文件的读写、追加

文件打开后,需要对其做相应的操作,比如以什么样的方式打开或读取或写入等。

PHP 使用 fread( )函数来读取一个字符串,其使用格式是:$ str=fread(file, length);功能:该函数从参数 file 所指的文件中读取最多 length 个字节,或通过 filesize('文件名')参数打开文件所有的内容,该函数执行成功会返回所读取的字符串,若出错,则返回 FALSE。

根据上面的案例,在 11. txt 文档中输入一行文字"22 计算机 1 班很优秀,期末考试应该没问题",然后以读的方式打开文件,示例代码如下:

```
//1.以读的方式打开文件
$myfile=fopen('11.txt','r') or die('文件不存在');
echo fread($myfile,'24');    //输出文本中前 24 个字符
echo fread($myfile,filesize('11.txt'));    //输出所有的字符
fclose($myfile);
```

　　案例中有两种读取方式,选择第一种读取方式输出文本中前 24 个字符,选择第二种读取方式输出所有的字符,分别如图 9-2 和图 9-3 所示。

图 9-2　第一种读取方式

图 9-3　第二种读取方式

　　在 PHP 中,写入文件内容可以使用 fwrite( )、fputs( )、file_put_contents( )等函数,下面主要介绍 fwrite( )函数格式及功能。

　　fwrite()和 fputs()这两个函数使用格式和功能都是一样的,这里同步介绍。基本语法格式:fputs(file, string,length);fwrite(file, string,length);功能:这两个函数都是将参数 string 所指字符串写入参数 file 所指的文件中,参数 length 规定要写的字符串的长度,当参数 string 所指字符串长度超过 length 时,写入 length 个字符后,停止写入;当参数 string 所指字符串长度未超过 length 时,直到写入全部字符后,才停止写入。该函数执行成功会返回写入的字符数;出现错误时,则返回 FALSE。

　　根据 fwrite( )函数的格式及功能来举例,在根目录中建立一个空的 22. txt 文档,然后

通过程序写入文字,示例代码如下所示:

```
//2.以写的方式打开文件
$file=fopen('22.txt','w') or die('文件不存在');
$str1='22计算机1班很好';
fwrite($file,$str1);
fwrite($file,'期末考试能考好');
fclose($file);
```

从运行结果可知,先是写入 $str1 变量中的字符串"22 计算机 1 班很好",再写入字符串"期末考试能考好"。打开文件 22. txt 文件时,有一行文字"22 计算机 1 班很好期末考试能考好"。说明已经将字符串写入到文档中,如图 9 - 4 所示。

图 9 - 4   以写的方式写入文档

当反复运行程序时,文档中一直是这行文字。有时希望运行一次代码,文字追加一行,此时可以用追加的方式打开文档并写入文档。代码如下:

```
//3.以追加的方式打开文件
$file=fopen('33.txt','a') or die('文件不存在');
$str1='平时表现很好,希望期末能考好! ';
fwrite($file,$str1);
```

通过追加的方式打开文件,运行一次代码追加一次文字,运行多次追加多次文字。结果如图 9 - 5 所示。

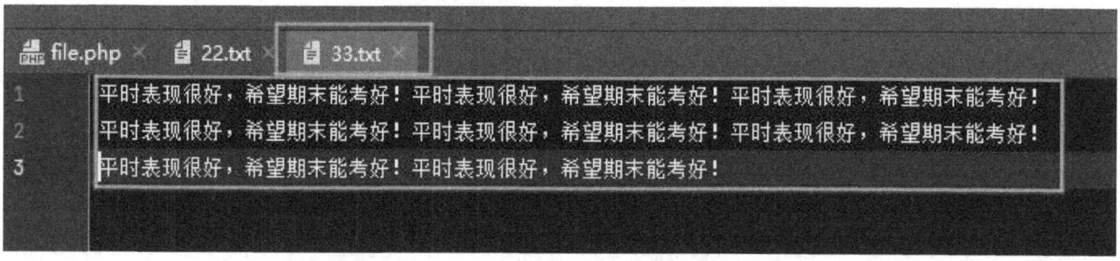

图 9 - 5   以追加的方式写入文档

文件的读取、写入方式有很多种,常用方式的取值及含义如表 9 - 1 所示。

表 9-1　常用文件的读取、写入方式的取值及含义

mode 取值	含　　义
"r"	只读方式打开,将文件指针指向文件头
"r+"	读写方式打开,将文件指针指向文件头
"w"	写入方式打开,将文件指针指向文件头并将文件大小截为零,若文件不存在,则会自动创建文件
"w+"	读写方式打开,将文件指针指向文件头并将文件大小截为零,若文件不存在,则会自动创建文件
"a"	写入方式打开,将文件指针指向文件末尾,若文件不存在,则会自动创建文件
"a+"	读写方式打开,将文件指针指向文件末尾,若文件不存在,则会自动创建文件

9.2　文件上传操作

平时,我们上传文件时,会受到一定的限制,比如上传照片,照片的大小、像素、格式等都有相应的要求,若达不到要求就不能上传。

本案例实现文件上传过程中的具体要求有:文件的类型必须是 png, jpeg, jpg 或 gif 中的一种,容量不能超过 200 KB,同时上传好后存放到临时路径 upload 文件夹中。分为两部分:一个是框架页面,都是 HTML 代码,另一个是给上传的文件赋予代码,实现对应功能,具体示例代码如下:

```
//上传文件案例
?>
<form name="f1" method="post" action="upload.php"
enctype="multipart/form- data">
    <lael>请上传相关文件:</lael>
    <input type="file" name="file" id="file1">
    <input type="submit" name="sub" id="sub" value="上传">
</form>
```

表单中除了之前常用的几个属性外,还增加了一个新的属性,enctype = "multipart/form-data"。enctype 就是 encodetype,即编码类型的意思。该属性规定了 form 表单在发送到服务器时的编码方式,主要有两个值。其一,multipart/form-data 是指表单数据由多部分构成,既可以传文本数据,又可以将文件以二进制的形式上传,这样可以实现多种类型的文件上传。本案例也是这个属性值。其二,默认情况下,enctype 的值是 application/x-www-form-urlencoded,不能用于文件上传,只有使用了 multipart/form-data,才能完整地传递文件数据。

另外,由于是上传文件,表单中的 input 标记类型不再是文本类型,而是 file 类型。运行结果如图 9-6 所示。

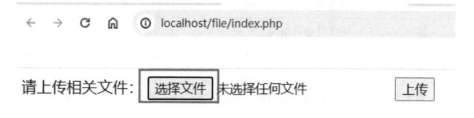

图 9-6　运行结果

框架做好后,提交上传按钮,上传按钮要链接到一个新的 upload. php 页面,该页面的功能是用来执行上传文件时约束条件用的,因此要新建一个 upload. php 文件,在这个文件中写代码,具体示例代码如下:

```php
<meta charset="utf-8">
<?php
if($_FILES['file']['type']=='image/png' || $_FILES['file']['type']=='image/jpeg' ||
    $_FILES['file']['type']=='image/jpg' ||$_FILES['file']['type']=='image/gif')
{
    if(($_FILES['file']['size']/1024)<=200)
    {
        if($_FILES['file']['error']>0)
            echo"error:".$_FILES['file']['error']."<br>";
        else
        {
            echo"文件的名称是:".$_FILES['file']['name']."<br>";
            echo"文件的类型是:".$_FILES['file']['type']."<br>";
            echo"文件的大小是:".($_FILES['file']['size']/1024)."KB<br>";
            echo"文件的临时路径是:".$_FILES['file']['tmp_name']."<br>";
        }
        if(file_exists('upload/'.$_FILES['file']['name']))
            echo"文件已经存在 upload/".$_FILES['file']['name']."下面<br>";
        else
        {
move_uploaded_file($_FILES['file']['tem_name'],'upload/'.$_FILES['file']['name']);
            echo "这个刚刚移到 upload 文件夹下<br>";
        }
```

```
    }
    else
    {
        echo"上传的文件超过了 200KB<br>";
    }
}
else
{
    echo"文件的类型不是 png 或 gif 或 jpeg 或 jpg<br>";
}
```

根据案例补充一个小知识点，$_FILES["file"]["error"]是错误代码的意思，0 表示没有错误，下面几种对应不同的错误：1 表示上传的文件超过了 php. ini 中 upload_max_filesize 选项限制的值。2 表示上传文件的大小超过了 HTML 表单中 MAX_FILE_SIZE 选项指定的值。3 表示文件只有部分被上传。4 表示没有文件被上传。即 $_FILES["file"]["error"] ＞0 表示有错误发生；只有小于等于 0 时，才能正确上传。

调试运行代码得到以下结果，达到了约束要求。当文件类型或大小不符合要求时，不能上传；只有符合全部要求，才能上传。调试步骤分别如图 9 - 7 至图 9 - 12 所示。

图 9 - 7 上传符合条件的文件

文件的名称是：1.png
文件的类型是：image/png
文件的大小是：52.9208984375KB
文件的临时路径是：C:\Windows\Temp\phpAEEF.tmp
这个刚刚移到upload文件夹下

图 9 - 8 成功上传文件并存到指定目录

图 9-9　上传 php 类型的文件

localhost/file/upload.php

文件的类型不是png或gif或jpeg或jpg

图 9-10　上传文件类型出错提示

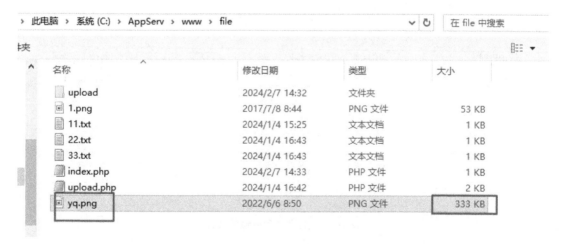

图 9-11　上传一个大于 200 KB 的 png 文件

localhost/file/upload.php

上传的文件超过了200KB

图 9-12　上传的文件超过了 200 KB 提示

思政小课堂

（1）做文件操作时，应当确保所有步骤都是基于安全和合规的前提进行，涉及文件路径的选择、权限设置、文件内容的处理等多个方面。

（2）文件操作需要在可写的情况下才进行文件的创建或写入。这样的代码遵循了最佳的安全实践，从中学会做人做事的基本道理。

第 9 章　拓展学习　　　　习题 9

第 10 章

PHP 与图形图像处理

PHP 除了可以创建 Web 应用外,还可以生成图片或对图片进行加工处理。通过一个名叫 GD 的 PHP 扩展库动态生成不同格式的图像、绘制图线、对图片加工处理等。本章从 PHP 的图像处理函数开始,重点介绍如何通过 PHP 函数完成图像处理。

🔘 学习目标

(1) 会创建画布。
(2) 会通过 PHP 函数画各种实心和空心图形,点、线、圆、多边形等。
(3) 会处理简单的图片,图片加字符、文本、水印等。

🔘 思政目标

(1) 培养大学生的艺术修养、审美能力。
(2) 教育大学生尊重知识产权,遵守法律法规,维护行业秩序。
(3) 培养大学生综合素质和社会责任感,为大学生的未来发展奠定坚实基础。

 图形图像的建立

10.1.1 加载 GD 库

由于有 GD 的强大支持,图像处理功能可以算是 PHP 的一个强项,它简洁易用,功能强大,甚至可以完成像素处理、颜色转换、灰度变换等高级功能。对于 Windows 用户来说,只需在 PHP 的配置文件 php. ini 中把配置项";extension＝php_gd2. dl1"前的分号去掉即可,如图 10－1 所示。

也可以在地址栏里运行 phpinfo( )文件,查看 GD 库是否已加载,加载成功(见图 10－2)。

10.1.2 创建画布

从图 10－2 中可以看到 PHP 支持处理的图片格式有:gif,jpeg,jpg,png 等。与 PHP 处理数据库一致,图形图像生成也需要借助 PHP 图像函数作为基础来处理。首先讲解生成图像常用的 4 个步骤。

(1) 创建画布,后面的操作都是基于此画布;
(2) 在图像上绘图或输入文本;

php.ini - 记事本

文件(F)　编辑(E)　格式(O)　查看(V)　帮助(H)

```
; extension folders as well as the separate PECL DLL download (PHP 5).
; Be sure to appropriately set the extension_dir directive.

;extension=php_bz2.dll
extension=php_curl.dll
;extension=php_dba.dll
;extension=php_dbase.dll
extension=php_exif.dll
;extension=php_fdf.dll
extension=php_gd2.dll
;extension=php_gettext.dll
;extension=php_gmp.dll
;extension=php_ifx.dll
;extension=php_imap.dll
;extension=php_interbase.dll
```

图 10-1　php.ini 配置文件加载 GD 库

GD Support	enabled
GD Version	bundled (2.0.34 compatible)
FreeType Support	enabled
FreeType Linkage	with freetype
FreeType Version	2.1.9
T1Lib Support	enabled
GIF Read Support	enabled
GIF Create Support	enabled
JPG Support	enabled
PNG Support	enabled
WBMP Support	enabled
XBM Support	enabled

图 10-2　GD 库加载成功

（3）输出图形；

（4）清除内存，释放资源。

创建画布类似创建背景图，然后在背景图上面画各种不同的图形。创建画布用的到函数有画布的颜色、宽、高等，然后以图片的格式输出画布，最后释放资源，清除内存，具体操作代码如下：

```
//一、先创建画布
$img=imagecreatetruecolor(200,200);
//$img=imagecreate(200,200);
$red=imagecolorallocate($img,255,0,0);
$green=imagecolorallocate($img,0,255,0);
$blue=imagecolorallocate($img,0,0,255);
$yellow=imagecolorallocate($img,255,255,0);
imagefill($img,0,0,$yellow);
// 画各种图形,此处省略,将在下面介绍
//三、输出画布
header('Content-Type:image/gif');
imagegif($img);
//四、清除内存,释放资源
imagedestroy($img);
```

10.1.3 建立各种图形

画布创建好后,可以在上面画各种图形,比如画矩形、圆形、线、点等。

1. 绘制矩形 imagerectangle( )、imagefilledrectangle( )

绘制矩形一般有实心矩形和空心矩形。创建矩形函数语法格式是:**imagerectangle(resource $image, int $x_1,int $y_1,int $x_2,int $y_2,int $color);**,功能是:该函数用来在参数 $image 指定的画布上以给出的两个点(x_1 , y_1)和(x_2 , y_2)作为对角线绘制一个由 $color 参数指定线条颜色的矩形。该函数执行成功时返回 TRUE,失败时返回 FALSE。

主要示例代码如下:

```
<?php
//二、接着上面的第二步画各种图形,需要将下面的代码插入到上面的第二步中
//1.绘制矩形
imagerectangle($img,90,10,180,80,$green); //绘制实心矩形
imagefilledrectangle($img,10,10,80,80,$blue);//绘制空心矩形
```

代码中还绘制了一个实心矩形,其语法格式与空心矩形一样,区别是实心矩形填充指定颜色,空心矩形不填充。语法格式是:**imagefilledrectangle(resource $image, int $x_1,int $y_1,int $x_2,int $y_2,int $color);**,功能是:该函数用来在参数 $image 指定的画布上以给出的两个点(x_1 , y_1)和(x_2 , y_2)作为对角线绘制一个由 $color 参数指定颜色填充的矩形。该函数执行成功时返回 TRUE,失败时返回 FALSE。

上面两条代码输出图形结果如图 10-3 所示。

2. 绘制线条 imageline( )

绘制线条函数的语法格式是:**imageline(resource $image, int $x_1,int $y_1,int**

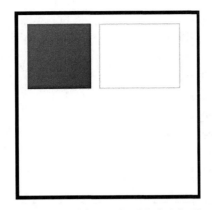

图 10-3　绘制实心矩形和空心矩形

x_2, int y_2, int $color);, 功能是: 该函数在参数 $image 指定的画布上以给出的两个点
(x_1, y_1)和(x_2, y_2)之间绘制一条由 $color 参数指定颜色的线段。该函数执行成功
时返回 TRUE, 失败时返回 FAISE。在刚创建灰色画布上画两条对角线, 示例代码如下:

```
//2.绘制线
imageline($img,0,0,200,200,$red);
//再画一条右上到左下的对角线
imageline($img,200,0,0,200,$red);
```

运行代码输出图形结果如图 10-4 所示。

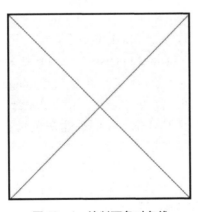

图 10-4　绘制两条对角线

3. 绘制点 imagesetpixel( )

绘制点的函数语法格式是: imagesetpixel (resource $image, int x_1, int y_1, int
$color);, 功能是: 该函数在参数 $image 指定的画布上以给出的 1 个点($x_1$, y_1)绘制由
$color 参数指定颜色的点。该函数执行成功时返回 TRUE, 失败时返回 FAISE。在刚创建
灰色画布上画 6 个点, 示例代码如下:

```
//3.绘制点
imagesetpixel($img,10,90,$blue);
imagesetpixel($img,15,90,$blue);
imagesetpixel($img,20,90,$blue);
imagesetpixel($img,25,90,$blue);
imagesetpixel($img,30,90,$blue);
imagesetpixel($img,35,90,$blue);
```

运行代码输出图形结果如图 10-5 所示。

图 10-5　绘制 6 个点

4. 绘制圆 imageellipse( ), imagefilledellipse( )

绘制圆的函数语法格式是: imageellipse (resource $image, int $x_1, int $y_1, int $width, $height, $color); , 功能是: 该函数在参数 $image 指定的画布上绘制 1 个以 ($x_1, $y_1) 为圆心, 宽为 $widht, 高为 $height, 由 Scolor 参数指定颜色的圆。该函数执行成功时返回 TRUE, 失败时返回 FAISE。在刚创建灰色画布上画 1 个空心圆, 示例代码如下:

```
//4.空心圆、实心圆
imageellipse($img,100,100,100,100,$green);
imagefilledellipse($img,100,100,20,20,$red);
```

代码中还绘制了一个实心圆, 其语法格式是: imagefilledellipse (resource $image, int $x_1, int $y_1, int $width, $height, $color); , 功能是: 该函数在参数 $image 指定的画布上绘制 1 个以 ($x_1, $y_1) 为圆心, 宽为 $widht, 高为 $height, 由 Scolor 参数指定颜色填充的圆。该函数执行成功时返回 TRUE, 失败时则返回 FAISE。上述两条代码输出两个圆, 如图 10-6 所示。

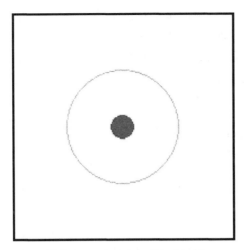

图 10 - 6　绘制实心圆和空心圆

10.2　图片处理

PHP 的 GD 库函数除了可以绘制各种图形，还可以在图片上画字符和字符串、制作水印、制作 3D 图形等。

在画布上创建字符和字符串函数格式是：imagestring(resource $image,int $font, int $x, int $y, string $s,int $col);,功能是：该函数用来在参数 $image 指定的画布上使用 $font 参数指定的字体大小、$col 参数指定的颜色从指定的点($x,$y)开始水平方向画出一行字符串。该函数执行成功时返回 TRUE,失败时返回 FALSE。类似的函数还有 imagestringup( )函数,在垂直方向写字符串;imagechar( )函数在水平方向上画一个字符; imagecharup( ) 函数在垂直方向上画一个字符。示例代码如下：

```php
<?php
    //step 1 创建图片资源
    $img=imagecreatetruecolor(200, 200);
//  $img=imagecreate(200, 200);
    $white=imagecolorallocate($img, 255, 255, 255);
    $gray=imagecolorallocate($img, 0xC0, 0xC0, 0xC0);
    $darkgray=imagecolorallocate($img, 0x90, 0x90, 0x90);
    $navy=imagecolorallocate($img, 0, 0, 0x80);
    $darknavy=imagecolorallocate($img, 0, 0, 0x50);
    $red=imagecolorallocate($img, 0xFF, 0, 0);
    $darkred=imagecolorallocate($img, 0x90, 0, 0);
    imagefill($img, 0, 0, $gray);
```

```
    imagechar($img, 5, 100, 100, "A", $red);
    imagechar($img, 5, 120, 120, "B", $red);
    imagecharup($img, 5, 60, 60, "C", $red);
    imagecharup($img, 5, 80, 80, "D", $red);
    imagestring($img, 3, 10, 10, "Hello", $navy);
    imagestringup($img, 3, 10, 80, "Hello", $navy);
    header("Content-Type:image/gif");
    imagegif($img);
    //释放资源
    imagedestroy($img);
?>
```

案例中写了水平方向和垂直方向的字符和字符串图像函数,调试代码,运行结果如图 10-7 所示。

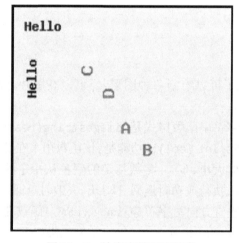

图 10-7　输出字符及字符串

除了输入字符和字符串,图像处理函数还可以输入文字,即可以做水印。输入文字函数基本语法格式是:imagettftext (resource $image , float $size , float $angle , int $x , int $y , int $color , string $fontfile , string $text);,功能是:该函数第 1 个参数是图像画布或资源;第 2 个参数是字体大小;第 3 个参数是文本显示角度,如果该参数为 0,表示从左向右读的文本;第 4、第 5 个参数表示的第一个字符字体基线的坐标;第 6 个参数表示字体颜色;第 7 个参数表示显示图像文字时所采用的 TrueType 字体;最后一个参数是要显示的文本内容。示例代码如下:

```
    imagettftext($img, 25, 60, 150, 150, $red, "simkai.ttf", "计算机");
    imagettftext($img, 12, -60, 50, 150, $red, "simli.ttf", "计算机");
```

运行代码效果如图 10-8 所示。

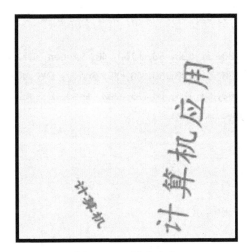

图 10-8　输出文字

根据前面学过的 PHP 图像处理函数来做作一个 3D 图片。通过绘制填充圆弧函数及 for 循环语句来实现。函数语法格式是：imagefilledarc (resource $image, int $ex, int $cy, int width, int $height, int $start, int $end, int $color, int $style);，功能是：该函数在参数 $image 指定的画布上绘制一个填充指定颜色的圆弧。与之对应的 imagearc( )函数绘制的是弧线，而此处的 imagefilledarc( )允许对绘制的圆弧进行填充，因此该函数在原来的 imagearc( )函数中使用的参数基础上，多了一个指定填充方式的 $style 参数，下面案例中的参数值为"IMG_ARC_PIE"，即绘制具有弯曲边缘填充楔形。该函数执行成功时返回 TRUE，失败时返回 FALSE。示例代码如下：

```php
<?php
    //step 1创建图片资源
    $img=imagecreatetruecolor(200, 200);
//  $img=imagecreate(200, 200);
    $white=imagecolorallocate($img, 255, 255, 255);
    $gray=imagecolorallocate($img, 0xC0, 0xC0, 0xC0);
    $darkgray=imagecolorallocate($img, 0x90, 0x90, 0x90);
    $navy=imagecolorallocate($img, 0, 0, 0x80);
    $darknavy=imagecolorallocate($img, 0, 0, 0x50);
    $red=imagecolorallocate($img, 0xFF, 0, 0);
    $darkred=imagecolorallocate($img, 0x90, 0, 0);
    $green=imagecolorallocate($img,0,255,0);
    imagefill($img, 0, 0, $white);
    //3D 效果
    for($i=60; $i>50; $i--){
imagefilledarc($img, 100, $i,100, 50, -160, 40, $darkgray, IMG_ARC_PIE);
imagefilledarc($img, 100, $i,100, 50, 40, 75, $darknavy, IMG_ARC_PIE);
```

```
imagefilledarc($img, 100, $i,100, 50, 75, 200, $darkred, IMG_ARC_PIE);
   }
imagefilledarc($img, 100, $i,100, 50, -160, 40, $green, IMG_ARC_PIE);
imagefilledarc($img, 100, $i,100, 50, 40, 75, $navy, IMG_ARC_PIE);
imagefilledarc($img, 100, $i,100, 50, 75, 200, $red, IMG_ARC_PIE);
   header("Content-Type:image/gif");
   imagegif($img);
   //释放资源
   imagedestroy($img);
```

运行代码效果如图 10 - 9 所示。

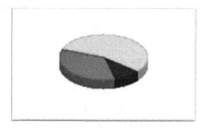

图 10 - 9　绘制三维图

思政小课堂

（1）数字图像处理技术的应用为人类带来了诸多便利和福祉，我们应该感恩科技发展带来的成果。

（2）多学习新的设计思路、设计理念，提高自己的审美能力及艺术素养。

（3）多参加社会实践活动，为自己的未来发展奠定坚实基础。

第 10 章　拓展学习　　　　习题 10

第 *11* 章

Laravel 框架

本章主要介绍 Laravel 框架在网站开发中的主要功能及基本使用方法,包括框架的安装与配置、路由与视图、数据库操作功能等内容。让大学生对利用框架进行网站业务开发有一定的认识,掌握基础的操作。

学习目标

(1) 了解 Laravel 的功能及特点。
(2) 了解利用框架进行项目开发的优点。
(3) 熟悉 Laravel 框架的基本操作流程。
(4) 理解路由、视图等框架中的基本概念。

思政目标

(1) 深入了解企业项目开发的岗位要求。
(2) 培养大学生全面的系统架构能力。
(3) 提高大学生业务逻辑思维能力。
(4) 提高大学生知识产权及技术独立性的意识。

11.1 了解与安装 Laravel 框架

Laravel 是一套简洁、优雅的 PHP Web 开发框架(PHP Web framework)。它可以从杂乱的代码中解脱出来,使开发者能够更轻松地构建网络应用程序,同时每行代码都简洁、富于表达力,它提供了强大的工具用以开发大型项目,具有验证、路由、session、缓存等功能。Laravel 框架具有以下特点。

(1) 简洁性和优雅性。Laravel 框架的代码设计简洁明了,易于理解和使用。同时,它还具有优雅的语法和强大的功能集,使开发者能够快速地构建高质量的 Web 应用程序。

(2) 强大的对象关系映射(ORM)功能。Laravel 框架内置了一个强大的 ORM 功能,支持对数据库表进行各种操作,包括创建、更新、删除等,以及方便的查询功能,这使得开发者能够更加高效地处理数据库操作。

(3) 自动加载和依赖注入。Laravel 框架采用了自动加载和依赖注入机制,使得代码之间的耦合度降低,提高了代码的可维护性和可重用性。

(4) 丰富的中间件和路由功能。Laravel 框架提供了丰富的中间件和路由功能,能够方便地对应用程序的请求进行过滤和路由,提高了应用程序的安全性和可扩展性。

（5）强大的命令行工具。Laravel 框架提供了一系列的命令行工具,如 Artisan，Tinker 等,能够帮助开发者快速地生成代码、运行测试、管理项目等。

（6）优秀的社区支持。Laravel 框架拥有庞大的社区支持和活跃的开发者群体,为开发者提供了丰富的资源和帮助,使得在开发过程中遇到问题时能够快速地找到解决方案。

总之,Laravel 框架是一个功能强大、易于使用、优雅的 PHP Web 开发框架,能够帮助开发者快速地构建高质量的 Web 应用程序。

11.1.1　Laraval 框架运行环境

（1）Web 服务器。Laravel 支持所有常见的 Web 服务器,包括 Apache，Nginx 和 Microsoft IIS。如果使用 Apache 或 Nginx,那么需要安装 PHP - FPM,并将其与 Web 服务器进行集成。如果使用 Microsoft IIS,那么需要使用 PHP Manager for IIS 扩展,该扩展可以在 Microsoft 下载中心免费下载。

（2）数据库。Laravel 支持多种类型的数据库,包括 MySQL，PostgreSQL，SQLite 和 Microsoft SQL Server。可以根据需要选择其中一种数据库。建议使用 MySQL 或 PostgreSQL,因为它们是最常用的数据库类型,并提供了出色的性能和稳定性。

（3）PHP。在安装 Laravel 前需要注意,本书是基于 Laravel 5.8 进行讲解的,要求 PHP 版本不低于 7.1.3。需要注意,Laravel 框架的使用需要开启 PHP 的四个扩展,分别是 OpenSSL，PDO，Mbstring，XML。如果采用 wampServer 等集成开发环境,默认已经开启。

此外,根据具体需求,还需要安装其他软件或配置相关参数,也可以通过 wampServer 等环境套装进行搭建。

11.1.2　安装 Composer

Composer 是 PHP 的一个依赖管理工具,用于解决项目中依赖的问题。Composer 使得开发者可以在项目范围内进行依赖管理,即仅在项目的基础上声明需要的代码库（即"包"）,而无需全局安装任何东西。这些包既可以是其他开发者的共享库,也可以是项目中自己构建的代码库。

可以打开 getcomposer.org 官网下载 composer－setup.exe 并安装。安装过程主要有以下 4 个步骤。

（1）是否使用开发者模式（developer mode）。选中后,不提供卸载功能,不推荐勾选。

（2）选择 php 命令行程序。根据用户的 php 安装路径进行选择,注意系统环境变量中 php 命令的路径也要保持一致。

（3）更新 php.ini。如果当前 php.ini 符合环境需求,那么会自动跳过。

（4）填写代理服务器。一般无须填写。

安装成功后,Composer 会自动添加对应的环境变量。我们使用命令行工具（如 Windows PowerShell）,输入 Composer 命令,即可测试是否安装成功,如果看到如图 11 - 1 所示的界面,那么说明安装成功。

图 11-1　Composer 安装成功界面

11.1.3　利用 Composer 安装 Laraval 框架

安装 Laravel 框架一般可以通过两种方法：使用 Laravel 安装器及使用 Composer，本教材讲解后者方法。使用 Windows PowerShell 等终端工具，利用 cd 命令进入自己的网站文件夹，如 C:\wamp64\www\myweb，然后执行如下命令开始下载安装 Laravel 框架：

```
composer create-project --prefer-dist laravel/laravel myweb 5.*
```

在上述命令中，create-project 命令表示创建项目；-- prefer-dist 参数表示以压缩方式下载，可以提高下载速度；laravel/laravel 是包仓库网站中的包名称；后面的 myweb 表示项目的名称，框架文件将会下载安装到此文件夹；5.*是版本号，表示 5 系列的最新版。安装成功后，将看到如图 11-2 所示的界面。

同时，在项目目录内会生成 Laravel 框架相关文档，如图 11-3 所示。

这里每个一级目录的作用说明如表 11-1 所示。

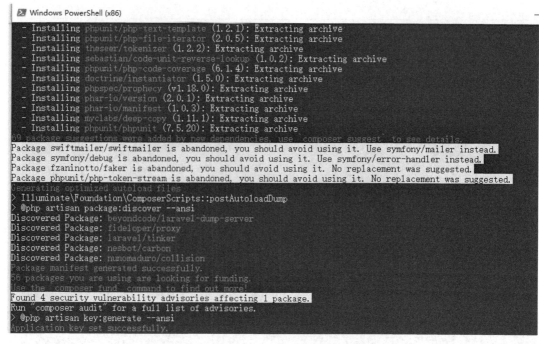

图 11-2　生成 Laravel 框架项目成功界面

app	bootstrap	config
database	public	resources
routes	storage	tests
vendor	.editorconfig	.env
.env.example	.gitattributes	.gitignore
.styleci.yml	artisan	composer.json
composer.lock	package.json	phpunit.xml
readme.md	server.php	webpack.mix.js

图 11-3　Laravel 框架相关文档

表 11-1　Laravel 框架一级目录作用说明

目　录	作　　　用
app	应用目录,保存项目中的控制器、模型等
bootstrap	保存框架启动的相关文件
config	配置文件目录
database	数据库迁移文件和数据填充文件
public	应用入口文件 index. php 和前端资源文件(如 CSS, JavaScript)
resources	存放视图文件、语言包和未编译的前端资源文件
routes	存放应用中定义的所有路由
storage	存放编译后的模板、Session 文件、缓存文件、日志文件等

（续表）

目录	作用
tests	自动化测试文件
vendor	存放通过 Composer 加载的依赖

我们可以通过浏览器访问该目录内的 public/index. php 页面来进行测试，如果发布成功，那么将看到如图 11-4 所示的界面。

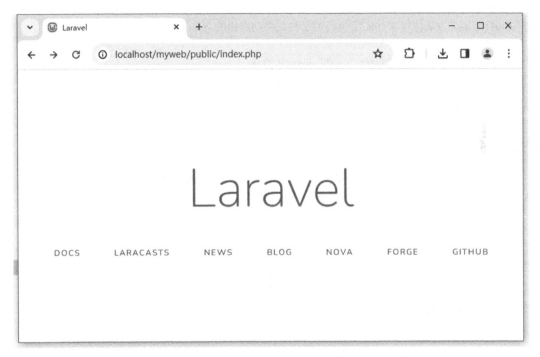

图 11-4 Laravel 框架项目默认主页

11.2 路由、控制器与视图

本节将学会利用 Laravel 框架实现一些简单的页面功能，主要包括路由配置、控制器应用及视图应用。

11.2.1 路由

路由在网站开发中，表示的是一种 URL 和资源的对应关系，用户在浏览器中输入 URL 地址，浏览器根据路由关系去请求对应的资源或执行对应的程序并反馈给客户端。

1. 路由的基本配置

Laravel 框架的路由配置信息位于 routes\web. php 文件内，打开该文件后，可以看到以下代码：

```
Route::get('/', function () {
    return view('welcome');
});
```

上述代码表示该项目首页的路由,其匹配的路径为"/"。view()函数用来显示视图,参数"welcome"是视图的名称,其对应的文件位于 resources\views\welcome. blade. php。该文件是使用 Blade 模板引擎(Laravel 自带的模板引擎)制作的页面模板。

从上述代码可以看出,定义路由的语法规则为:

Route::请求方式('请求 URL', 执行的函数或控制器内的方法)

【案例 11 - 1】 新建路由"/test",返回字符串。

```
Route::get('/test', function () {
    return '测试路由';
});
```

上述代码表示新建一种路由匹配关系,当用户输入 URL"/test"后,页面中将执行一个函数来返回字符串"测试路由",效果如图 11 - 5 所示。

图 11 - 5　通过路由返回字符串效果

如果用户输入的 URL 在路由中无匹配项,那么 Laravel 会报错。

2. 带参数的路由

在前面章节的学习中,我们知道传统的 URL 中是可以携带参数的,如"http://.../ search? id=3",通过参数,服务器可以反馈不同的结果给用户。在 Laravel 框架的路由配置中,同样可以携带参数,可以称为路由参数。其基本语法示例如下:

```
Route::get('search/{id}', function ($id) {
    return '您查询的 id 为' . $id;
});
```

上述代码中的{id}即为路由参数,与回调函数中的 $id 是对应的,用户在 URL 中输入的参数将自动赋值给 $id,便于做出后续的处理。执行效果如图 11 - 6 所示。

您查询的id为3

图 11-6　通过路由传参效果

注意：如果 URL 中未携带参数，那么会显示 404 | NotFound，因为默认情况下该路由中的参数是必须输入的，如果希望参数是可省略的，那么将代码修改为{id?}，同时需要为回调函数中的 $id 设置一个默认值，如 $id＝0。

3. 路由分组

如果有多个路由地址都是以"/user/"作为开头，如"/user/check""/user/reg""/user/index"，那么可以对这些路由进行分组管理。路由分组使用 Route∷group()方法来实现。基本语法如下：

Route∷group(公共属性数组, 回调函数)

"公共属性数组"表示指定同组路由的公共属性，包括前缀（prefix）、中间件（middleware）等，也就是路由中相同的部分。

【案例 11-2】　建立一组关于 user 模块的路由。

```
Route::group(['prefix'=>'user'],function(){
    Route::get('check', function () {
        return '用户检查';
    });
    Route::get('reg', function () {
        return '用户注册';
    });
    Route::get('index', function () {
        return '用户首页';
    });
});
```

当用户输入对应路由时，就会显示相应的文本信息。

11.2.2　控制器

Laravel 控制器是 Laravel 框架中的一个重要组件，它主要用于处理应用程序的逻辑和业务规则。其主要作用包括接收和响应请求、业务逻辑处理、数据传递、路由管理等,通过合理地使用控制器,可以提高应用程序的性能、可扩展性和可维护性。

1. 创建控制器

控制器文件存放于 app\Http\Controllers 目录内,默认情况下里面已经存在一些控制器示例文件,里面的 Controller. php 文件是控制器的基类,所有的控制器都会继承该文件。

一般通过 Laravel 框架提供的命令来创建控制器,从而可以减少很多代码编写工作量,其基本语法如下:

```
php artisan make:controller 控制器名
```

其中,artisan 是 Laravel 提供的命令,make:controller 表示创建控制器,后面书写自定义的控制器名称,注意采用大驼峰形式,如"TestController"。

【案例 11 - 3】 创建 TestController 控制器。通过命令行工具进入项目目录,然后执行以下命令:

```
php artisan make:controller TestController
```

完成后,在 app\Http\Controllers 目录内会生成 TestController. php 文件,内部代码如下:

```php
<?php
namespace App\Http\Controllers;
use Illuminate\Http\Request;
class TestController extends Controller
{
//
}
```

一个项目通常包含很多功能模块,如管理员模块、用户模块等。可以为每个模块生成一个目录来存放对应的控制器文件。

【案例 11 - 4】 建立一个 user 模块,并新建登录控制器 LoginController。代码如下:

```
php artisan make:controller User/LoginController
```

完成后,会新建 app\Http\Controllers\User 目录,并生成 LoginController. php 控制器文件,内部代码如下:

```php
<?php
namespace App\Http\Controllers\User;
use Illuminate\Http\Request;
use App\Http\Controllers\Controller;
```

```
class LoginController extends Controller
{
    //
}
```

因为 LoginController 放在 app\Http\Controllers\User 命名空间下,在该空间下没有 Controller 基类,所以在第 4 行引入基类的命名空间。

2.　控制器路由

前文中讲解了路由的定义规则,一般是通过一个回调函数来处理请求,而控制器路由是指一个 URL 匹配了一个控制器中的方法,当输入该 URL 时,会执行该方法来处理请求,只要把回调函数替换为“控制器类名@方法名”即可。

【案例 11－5】　创建控制器路由执行对应方法。

步骤 1:在 LoginController. php 内编写一个 testlogin()方法,代码如下:

```
<?php
namespace App\Http\Controllers\User;
use Illuminate\Http\Request;
use App\Http\Controllers\Controller;
class LoginController extends Controller
{
    public function testlogin()
    {
        return '测试用户登录';
    }
}
```

步骤 2:在路由配置文件 routes\web. php 内编写该方法的对应路由,代码如下:

```
Route::get('user/login', 'User\LoginController@testlogin');
```

当用户在地址栏输入 URL 地址“user/login”时,便会执行 LoginController 控制器中的 testlogin()方法,效果如图 11－7 所示。

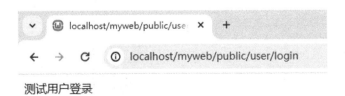

图 11－7　通过路由调用控制器内方法效果

3. 控制器接收用户输入

在 Laravel 框架中，一般可以通过两种方式接收用户的输入：Request 实例和路由参数。下面分别举例讲解。

1）Request 实例方法

Request 实例保存了 HTTP 请求的数据，可以获取用户输入的信息。用户既可以通过传统 URL 结合"?"来传递参数，也可以通过路由结合"/"来传递参数，具体实现过程见案例 11 - 6。

【案例 11 - 6】 利用 Request 实例接收 URL 传递的参数。

步骤 1：在 TestController. php 控制器中创建 input() 方法来获取参数，具体代码如下：

```php
<?php
namespace App\Http\Controllers;
use Illuminate\Http\Request;
class TestController extends Controller
{
    public function input(Request $request) // 创建 input()方法,依赖注入
    {
        $username =$request->input('username'); // 调用 input()方法获取数据
        return '用户名为:' . $username;
    }
}
```

这里的 $request 对象就是 Request 实例，是 Laravel 框架自带的，框架在调用 input()方法前，会执行 Request 实例自动传给该方法，Request $request 就是 input()方法的形参，后期会自动获取"username"。

步骤 2：在路由配置文件内添加 input()方法对应的路由，代码如下：

```php
Route::get('test/input', 'TestController@ input');
```

步骤 3：在浏览器地址栏中输入带参数的 URL 地址，地址如下：

```
http://localhost/myweb/public/test/input? username=张三
```

此时将会执行 input()方法中的 Request 实例自动获取"张三"，并作为返回值输出，效果如图 11 - 8 所示。

用户名为: 张三

图 11 - 8 通过 input( )方法接收传统 URL 参数效果

【**案例 11 - 7**】　利用 Request 实例接收路由传递的参数。

步骤 1：修改 TestController. php 中的 input()方法，代码如下：

```
public function input(Request $request) //
{
    $username=$request->username;
    return '用户名为：' . $username;
}
```

步骤 2：修改路由规则，匹配 username 参数，代码如下：

```
Route::get('test/input/{username}', 'TestController@input');
```

步骤 3：用路由形式输入 URL 地址和参数，注意使用"/"来连接参数。地址如下：

```
http://localhost/myweb/public/test/input/李四
```

此时 input()方法同样可以获取 username 参数，值为"李四"并显示，效果如图 11 - 9 所示。

图 11 - 9　通过 input()方法接收路由参数效果

2) 利用路由参数

该方法只需在 input()方法中，直接设置一个形式参数即可，Laravel 框架会自动将该形参和 URL 中的参数进行匹配。input()方法代码如下：

```
public function input($username) //
{
    return '用户名为：' . $username;
}
```

匹配的路由和案例 11 - 7 是一样的，代码如下：

```
Route::get('test/input/{username}', 'TestController@ input');
```

输入的 URL 地址和案例 11 - 7 也一样，代码如下：

```
http://localhost/myweb/public/test/input/李四
```

执行效果也和案例 11 - 7 一样。

11.2.3 视图

如果想要通过路由来显示一张提前开发好的完整页面,可以通过视图来实现。Laravel 框架中的视图文件既可以是普通的". php"文件,也可以是由 Blade 引擎开发的". blade. php"文件。

如果视图采用". blade. php"文件,那么表示其支持模板语法,如{{ $name}}。如果存在同名的". php"和". blade. php"文件,那么优先显示后者。

1. 创建视图文件

视图文件保存在 resources\views 目录内,用户可以自己在里面新建". php"或". blade. php"文件,也可以创建子目录对不同模块的视图文件进行管理。

【案例 11 - 8】 新建视图文件 login. blade. php,并通过控制器结合路由访问。

步骤 1:创建 resources\views\login. blade. php 文件,代码如下:

```html
<!DOCTYPE html>
<html>
    <head>
        <meta charset="utf-8">
        <title></title>
    </head>
    <body>
        <h5>用户登录</h5>
        <p>用户名:<input type="text" name="username" id="username" /></p>
        <p>密码:<input type="password" name="password" id="password" /></p>
    </body>
</html>
```

步骤 2:通过命令创建 app\Http\Controllers\User\LoginController. php 控制器文件, 然后在其中创建 login()方法来显示 login. blade. php 视图文件。代码如下:

```php
<?php
namespace App\Http\Controllers\User;
use Illuminate\Http\Request;
use App\Http\Controllers\Controller;
class LoginController extends Controller
{
    public function login()
    {
```

```
        return view('login');
    }
}
```

步骤 3：配置路由规则，在用户输入"/login"地址后，执行 LoginController 控制器中的 login()方法。代码如下：

```
Route::get('/login', 'User\LoginController@login');
```

步骤 4：输入 URL 地址，显示视图，地址如下：

```
http://localhost/myweb/public/login
```

显示效果如图 11 - 10 所示。

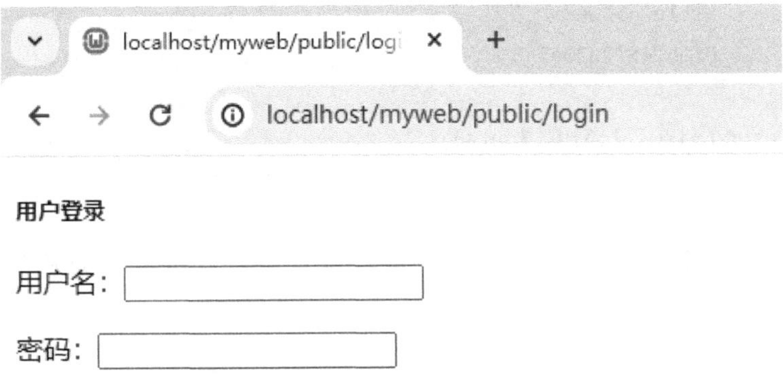

图 11 - 10　显示视图效果

如果视图文件被放在子目录内，在 view()函数内，视图名称前需要添加子目录名称，用"/"或"."表示目录结构。如：

```
return view(news/content/show');
return view(news.content.show');
```

上述两句都表示视图路径为 resources\views\news\content\show. blade. php。

2. 向视图传数据

可以通过 view()函数或 with()函数将控制器中的变量数据传递给视图，基本语法如下：

```
//方式 1：通过 view()函数的第 2 个参数以数组的形式传递数据
return view(视图名称,数组);
//方式 2：通过 with()函数传递以数组的形式传递数据
```

```
return view(视图名称)->with(数组);
//方式 3：通过连续调用 with()函数传递数据
return view(视图名称)->with(名称,值)->with(名称,值)...
```

在上述代码中，前两种方法都是在控制器中创建一个数组，然后将数组的键名作为视图中的变量名进行输出，如\{\{键名\}\}。第 3 种方法是单独传递每个数据。

【案例 11 - 9】 使用方式 1 传递数据到视图。

步骤 1：通过命令创建 app\Http\Controllers\User\LoginController. php 控制器文件，在其中定义数组 \$data 存入数据，并通过 view()函数显示 show. blade. php 并传递 \$data 数组。具体代码如下：

```
public function login()
    {
        $data=[
            'title'=>'web 开发在线学习',
            'time'=>'2020-5-5'
        ];
        return view('login',$data);
    }
```

步骤 2：在 show. blade. php 中利用\{\{\}\}符号输出 title 和 date，注意添加 \$ 标志。代码如下：

```
<h3>{{$title}}</h3>
<h4>{{$time}}</h4>
```

效果如图 11 - 11 所示。

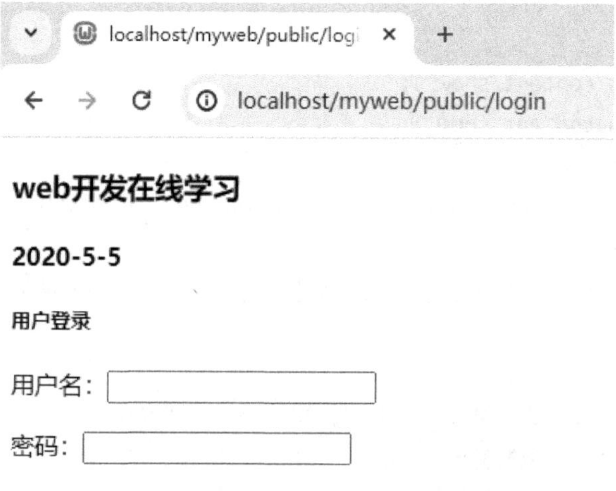

图 11 - 11 在视图中接收数据并显示效果

【案例 11 - 10】　使用方式 3 传递数据到视图。

该方法使用 with() 函数,一个个传递数据,代码示例如下:

```
return view('login')->with('title','web 开发在线学习')->with('time,'2020-5-5')
```

输出方式与案例 11 - 10 一样,使用{{}}即可。

3. 视图中的判断语句

如果视图文件采用模板引擎,也就是 blade 形式,那么可以使用"@if"模板语法书写判断语句,其基本语法规则如下:

```
@if (条件表达式 1)
 // 语句 1
@elseif (条件表达式 2)
 // 语句 2
@elseif (条件表达式 3)
 // 语句 3
……

@else
 // 以上条件都不满足时执行的语句
@endif
```

其中@elseif 和@else 视情况可以省略。

【案例 11 - 11】　根据时间显示提示。

步骤 1:在控制器中获取当前时间中的小时数据,并传递给视图,相关代码如下:

```
$hour=date('H');// 若时区未设置,则需要+ 8;若时区已经设置正确,则不需要
return view('login')->with('title','web 开发在线学习')->with('hour',$hour);
```

步骤 2:在视图中判断小时并显示提示,相关代码如下:

```
<h5>
        现在是{{$hour}}点
        @if($hour>=3 & $hour<=12)
        上午好
        @elseif($hour>12 & $hour<=18)
        下午好
        @else
        晚上好
        @endif
</h5>
```

4. 视图中的循环语句

在视图中输出数组的时候,可以通过"@foreach"的模板语法来对数组进行遍历。基本的语法如下:

```
@foreach ($variable as $key =>$value)
// 循环体
@endforeach
```

其中,$variable 表示整个数组,$key 表示数组中每个元素的键名,$value 表示每个元素的值。可以自定义变量名去对应 $key 和 $value,如果无须访问键名,可以直接写 $value,省略"$key =>"。

【案例 11 - 12】 通过循环输出多人信息。

步骤 1:在控制器中创建数组,存放多人信息,并传递给视图。相关代码如下:

```
$user=[
    ['name'=>'张三','age'=>18],
    ['name'=>'李四','age'=>50],
    ['name'=>'王五','age'=>20],
];
return view('login')->with('user',$user);
```

步骤 2:在视图中利用循环输出数据。相关代码如下:

```
@foreach($user as $v)
    {{$v['name']}}-{{$v['age']}}岁<br />
@endforeach
```

效果如图 11 - 12 所示。

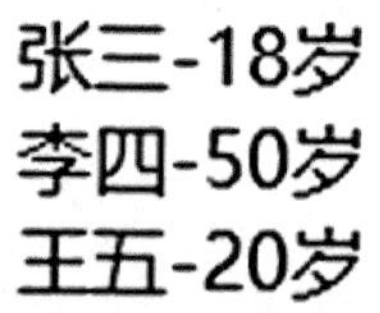

张三-18岁

李四-50岁

王五-20岁

图 11 - 12　视图中遍历数组效果

11.3 数据库操作

Laravel 操作数据库的特点主要包括强大的 ORM、迁移和种子功能、查询构建器、自动转义和绑定参数、事务管理、多数据库连接管理、数据库缓存、日志记录以及灵活的数据库会话存储等。这些特点使得 Laravel 在 PHP Web 开发中成为一个强大而灵活的数据库操作工具。

11.3.1　数据库配置

在 Laravel 框架中,可以通过 config\database.php 查看数据库的基本配置信息,打开该文件后,可以看到以下代码:

```
'mysql' =>[
    'driver' =>'mysql',
    'url' =>env('DATABASE_URL'),
    'host' =>env('DB_HOST', '127.0.0.1'),
    'port' =>env('DB_PORT', '3306'),
    'database' =>env('DB_DATABASE', 'forge'),
    'username' =>env('DB_USERNAME', 'forge'),
    'password' =>env('DB_PASSWORD', ''),
    'unix_socket' =>env('DB_SOCKET', ''),
    'charset' =>'utf8mb4',
    'collation' =>'utf8mb4_unicode_ci',
    'prefix' =>'',
    'prefix_indexes' =>true,
    'strict' =>true,
    'engine' =>null,
    'options' =>extension_loaded('pdo_mysql') ? array_filter([
PDO::MYSQL_ATTR_SSL_CA =>env('MYSQL_ATTR_SSL_CA'),
    ]) : [],
],
```

这些配置信息基本都是通过 env()函数执行后得到的,.env 文件位于项目的根目录内,其中有关 MySQL 数据库的配置代码如下:

```
DB_CONNECTION=mysql
DB_HOST=127.0.0.1
DB_PORT=3306
DB_DATABASE=laravel
DB_USERNAME=root
DB_PASSWORD=
```

如果项目的运行环境发生了更改,根据自身环境修改 env 文件中的参数即可。为了后期测试,本书将默认数据库命名"laravel"修改为"study"。

11.3.2　使用 DB 类操作数据库

Laravel 中的 DB 类是一个功能强大的工具,它使得数据库操作更加简单、安全和灵活。通过 DB 类,可以方便地连接数据库并执行各种数据库操作,如 select,update,insert, delete 等,进而可以轻松地构建和管理复杂的数据库应用程序。

1. DB 类的基本使用

为了讲解演示 DB 类对数据库的操作,预先创建了一个 MySQL 数据库"study",并添加了测试的数据表 user,表的基本结构与数据如图 11 - 13 所示。

id	name	age	pass
1	张三	50	123456
2	李四	18	111111
5	王五	20	abc123

图 11 - 13　user 表结构与测试数据

下面通过一个数据输出的案例来学习 DB 类的基本使用方法。

步骤 1:在 TestController 控制器中引入 DB 类,相关代码如下:

```php
<?php
namespace App\Http\Controllers;
use Illuminate\Http\Request;
use DB;
……其他代码
```

不需要设置很长的命名空间,通过"use DB"可以引入 DB 类,是因为 Laravel 框架在 config\app. php 中,已经预先为 DB 类设置了别名。除了 DB 类,还有一些常用类,如"File" "Redirect"等命名空间也有对应的别名,在使用时候直接通过"use"调用即可。

步骤 2:在 TestController 中编写一个 testDB()方法,输出表内信息,相关代码如下:

```php
public function testDB()
{
    $data =DB::table('user')->get();
    foreach ($data as $v) {
    dump($v->id . '-' . $v->name . '-' .$v->age . '-' .$v->pass);
    }
}
```

通过上述代码,使用 DB 类将 user 表内的数据提取出来后,赋值给数组 $ data,然后循环输出,dump()函数是 Laravel 中的一个输出函数,类似 var_dump()函数,只是显示效果不同。

步骤 3:在 routes\web. php 中配置路由规则,相关代码如下:

```php
Route::get('/testdb', 'TestController@testDB');
```

步骤 4：输入对应 URL，执行控制器代码。执行效果如图 11 - 14 所示。

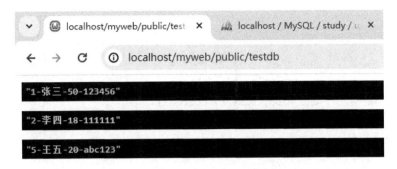

图 11 - 14　DB 类获取数据并显示效果

2. DB 类添加数据

在 DB 类中，可以通过 insert( ) 和 insertGetId( ) 两种方法来添加数据，前者返回值为 true 或 false，分别表示添加成功或失败，后者返回值为新增数据的 id。通过案例来查看两者的效果，在控制器中添加相关代码如下：

```php
public function insert()
{
  $data=[
      'name'=>'赵六',
      'age'=>28,
      'pass'=>'aaabbb'
  ];
  dump(DB::table('user')->insert($data));
  dump(DB::table('user')->insertGetId($data));
}
```

然后建立路由规则进行访问，运行效果如图 11 - 15 所示，同时可以查看数据库表内新增了两条数据。

图 11 - 15　insert( ) 和 insertGetId( ) 方法执行效果

insert()方法也支持同时添加多条数据,只需在 $ data 中添加多条数组即可,相关代码如下:

```
$data=[
    ['name'=>'田七','age'=>38,'pass'=>'aaaaaa'],
    ['name'=>'钱八','age'=>30,'pass'=>'bbbbbb'],
    ['name'=>'何九','age'=>60,'pass'=>'cccccc']
];
dump(DB::table('user')->insert($data));
```

查看数据库,可以看到成功地添加了 3 条数据。

3. DB 类修改数据

DB 类中可以通过 update()方法来修改数据,如果是数字,可以通过 increament()或 decrement()方法实现递增或递减。这些方法的返回值都是受影响的记录行数。修改整表中某字段的示例代码如下:

```
// 将表中所有记录的 name 字段的值都改为"匿名"
$data =['name'=>'匿名'];
dump(DB::table('user')->update($data));
// 将表中所有记录的 age 字段的值都加 1
dump(DB::table('user')->increment('age'));
// 将表中所有记录的 age 字段的值都减 1
dump(DB::table('user')->decrement('age'));
// 将表中所有记录的 age 字段的值都加 5
dump(DB::table('user')->increment('age', 5));
//将表中所有记录的 age 字段的值都减 5
dump(DB::table('user')->decrement('age', 5));
```

实习开发中,通常会设置 WHERE 子语句限制条件,在 DB 类中可以通过 where()方法来传递条件,一般有 3 种写法,示例代码如下:

```
// 写法 1:where(字段名, 运算符, 字段值)
DB::table('user')->where('id', '=', 1)->update($data);
// 写法 2:where(字段名, 字段值),默认使用"="运算符
DB::table('user')->where('id', 1)->update($data);
// 写法 3:where([字段名 =>字段值]),默认使用"="运算符,支持多个字段,AND 关系
DB::table('user')->where(['id' =>1])->update($data);
```

以上 3 种写法都表示修改 id 为 1 的记录。

如果有多个条件,连续调用多个 where()可以实现多条件的 and 操作,使用 orWhere()方法可以实现 or 操作。示例代码如下:

```
// where()表示 AND,即"WHERE age=30 AND name='张三'"
DB::table('user')->where(['age' =>30])->where(['name' =>'张三'])->…
// orWhere()表示 OR,即"WHERE age=30 OR name='张三'"
DB::table('user')->where(['age' =>30])->orWhere(['name' =>'张三'])->…
```

这两种写法同样适用于根据条件查询、删除等操作。

4．DB 类查询数据

通过 DB 类可以查询单行、多行的数据,查询指定字段的值,并对查询结果进行排序、分页等操作。

1）查询整表数据

通过 get()方法可以查询整表数据,示例代码如下：

```
$data =DB::table('user')->get();
foreach ($data as $v) {
echo $v->id . '-' . $v->name . '<br>';
}
```

通过 get()方法获取的是一个记录集(collection),通过 foreach 提取其中每条记录,每条记录为一个对象,使用访问对象属性的方式来获取每个字段的值。

2）根据条件查询多行数据

通过 where()方法指定查询条件,示例代码如下：

```
$data=DB::table('user')->where('age', '<', 30)->get();
```

3）查询单行数据

通过 first()方法可以查询单行数据,示例代码如下：

```
// 查询 id 为 1 的记录
$data =DB::table('user')->where('id', 1)->first();
dump($data->name)
```

需要注意,如果查询到的只有一行数据,该数据就是一个对象,直接通过访问对象属性的方式可以获取字段值。

4）查询指定字段的值

如果只想查询指定字段的值,可以将字段名以数组形式的参数传入 get()方法,也可以通过 select()方法筛选,再通过 get()方法获取。

方法 1:将字段名通过数组参数传入 get()方法,示例代码如下：

```
// 获取 name 和 age 两个字段,返回多条记录
$data =DB::table('user')->get(['name', 'age']);
dump($data);
```

```
// 获取 name 和 age 两个字段,返回一条记录
$data =DB::table('user')->first(['name', age']);
dump($data);
```

方法 2:通过 select()筛选,示例代码如下:

```
// 获取 name 和 age 两个字段
$data =DB::table('user')->select('name', 'age')->get();
dump($data);
// 获取 name 和 age 两个字段(数组参数)
$data =DB::table('user')->select(['name', 'age'])->get();
dump($data);
// 获取 name 字段,并设置别名为 username
$data =DB::table('user')->select('name as username')->get();
dump($data);
// 不解析字段,直接传入字符串作为字段列表
$data =DB::table('user')->select(DB::raw('name,age'))->get();
dump($data);
```

注意:上述代码中的 $data 均为获取到的记录集,其中包含多条记录,如果要将单个数据逐一显示,还是要通过访问对象属性的方法,此处略。

5) 查询某个字段的值

使用 value()方法可以只查询某个字段的值,示例代码如下:

```
// 查询 id 为 1 的记录,返回 name 字段的值
$name =DB::table('user')->where('id', 1)->value('name');
dump($name);
```

6) 排序

使用 orderby()方法可以对查询结果进行排序,该方法有两个参数,分别为排序关键字段和排序规则,升序为 asc,降序为 desc。示例代码如下:

```
$data =DB::table('user')->orderBy('age', 'desc')->get();
dump($data);
```

7) 分页

使用 limit()方法和 offset()方法可以对查询结果进行分页,limit()方法用于指定每页的记录数,offset()方法用于设置起始记录编号(注意从 0 开始),示例代码如下:

```
$data =DB::table('user')->limit(4)->offset(2)->get();
dump($data);
```

上述代码表示从第 3 条记录开始往后提取 4 条。

8）删除数据

使用 delete()方法可以删除指定记录,使用 truncate()方法可以清空整个表。示例代码如下:

```
// 删除 id 为 1 的记录,返回值为删除的行数
$result =DB::table('user')->where('id', 1)->delete();
dump($result);
// 清空数据表
DB::table('user')->truncate();
```

9）执行 SQL 语句

DB 类也支持执行自编的 SQL 语句,示例代码如下:

```
// 执行 SELECT 语句,返回结果集
$data =DB::select('SELECT * FROM 'user'');
// 执行 INSERT 语句,返回 true 或 false
DB::insert('INSERT INTO 'user' SET 'name'=\'小明\'');
// 执行 UPDATE 语句,返回受影响的行数
DB::update('UPDATE 'user' SET 'age'=20 WHERE 'name'=\'张三\'');
// 执行 DELETE 语句,返回受影响的行数
DB::delete('DELETE FROM 'user' WHERE 'name'=\'张三\'');
```

在开发中,建议采用 Laravel 自带封装好的数据库操作语句,可以提供更好的便利性和安全性。

11.3.3　使用模型操作数据库

Laravel 框架还内置了一个名为 Eloquent 模型组件来操作数据库,该组件使用 ORM 的思想来运作,即 'Object Relational Mapping'。每个数据库表都有一个对应的“模型”,用于与该表进行交互。ORM 的出现是为了帮助我们把对数据库的操作变得更加地方便。

使用 Eloquent 模型查询数据的示例代码如下:

```
$user =User.get(1);
$name =$user.name;
```

上述代码表示提取 user 表内 id＝1 的记录的 name 字段,Eloquent 模型将 user 表映射成一个对象,通过 get()方法传入 id 为 1 的参数,获取该用户数据。通过“对象.字段名”的形式来获取 name 字段值。通过该示例可以看出,Eloquent 模型相较于传统 SQL 语句,具有代码更简洁、封装性、易用性更高的自动化等优点。但是,如果要实现一些复杂的自定义数据库操作,还是需要依靠自编 SQL 语句。

1. Eloquent 模型创建与使用

在 Eloquent ORM 中,模型通常位于 app 目录中,也可以在 app 目录中建立子目录,如 Models 目录。在创建模型时,文件名与数据库表名一致,首字母大写。

为了配合讲解,本书在数据库内建立了 course 表,存放了一些课程信息,表内包含了 id, coursename,intr,cover 字段,基本结构与数据如图 11 - 16 所示。

id	coursename	intr	cover
1	PHP程序设计	PHP 是一种开源的脚本语言,其脚本在服务器上执行。PHP 语法吸收了 C 语言、Java 和 Pe…	phplogo.jpg
2	laravel框架	Laravel是一套简洁、优雅的PHP Web开发框架(PHP Web Framework)。它可以…	laravellogo.jpg
3	HTML网页设计	HTML的全称为超文本标记语言,是一种标记语言。它包括一系列标签,通过这些标签可以将网络上的文档格式…	htmllogo.jpg
4	CSS样式表	层叠样式表(英文全称: Cascading Style Sheets)是一种用来表现HTML (标准通用…	csslogo.jpg

图 11 - 16 基本结构与数据

使用终端工具进入项目根目录后,通过 php artisan 命令可以创建一个模型,示例代码如下:

```
php artisan make:model Course
```

执行命令后,在 app 文件夹内会自动创建 Course. php 文件,内部代码如下:

```php
<?php
namespace App;
use Illuminate\Database\Eloquent\Model;
class Course extends Model
{
    //
}
```

Laravel 框架会自动地将 Course 模型名转换为表名,且表名默认使用复数形式,即 Courses 表。如果实际数据表名未采用复数形式,可以在模型类中使用 $ table 属性来更改,示例代码如下:

```php
class Course extends Model
{
    protected $table ='course';
}
```

需要注意,在默认情况下,模型中会自动地设置属性 public $ timestamps 来自动地维护时间戳,需要为数据库表添加 created_at 和 updated_at 两个字段来对应模型中的两个属性,而且在添加数据的时候,必须指定这两个字段的值或设置默认为空,否则会报错。如果不希望添加字段来自动地维护时间戳,可以在相应模型文件中关闭该功能,相关代码如下:

```
public $timestamps =false;
```

创建模型后,可以通过控制器来使用模型,首先需要在控制器内引入模型的命名空间,示例代码如下:

```
use App\Course;
```

然后可以创建方法来使用模型,使用方法有两种:静态调用和实例化,示例代码如下:

```
// 方式 1:静态调用
$course=Course::get();
dump($course);
// 方式 2:实例化模型
$course=new Course();
$course->get();
```

2. 使用模型添加数据

模型可以通过 save()、fill()、create()三种方法实现数据的添加。

1) save()方法

它需要首先实例化模型,然后为模型中的属性赋值,属性对应了数据表中的字段,赋值后,再使用 save()函数插入数据。示例代码如下:

```
$course =new Course();
$course->coursename='JavaScript 脚本';
$course->intr='JavaScript 是一种属于网络的高级脚本语言,已经被广泛用于 Web 应用开
发,常用来为网页添加各式各样的动态功能';
$course->cover='jslogo.jpg';
$course->save(); // 保存数据
dump($course->id); // 获取自动增长 id
```

执行上述代码后,可以查看数据表内增加了记录,页面中显示该记录的 id。

2) fill()方法

它是通过数组的方式来添加数据,数组的键名对应字段名,使用该方法前,需要在模型文件中定义允许填充的字段。示例代码如下:

```
protected $fillable =['coursename', 'intr', 'cover'];
```

然后在控制器中通过 fill()方法填充数据,最后要通过 save()方法来保存,示例代码如下:

```
$data =[ 'coursename' =>'jquery 开发', 'intr' =>'jQuery 是一个快速、简洁的
JavaScript 框架', 'cover' =>'jquerylogo.jpg'];
```

```
$course =new Course();
$course->fill($data);
$course->save();
```

3）create()方法

它需要在模型文件中定义允许填充的字段,可以在实例化模型的同时来填充数据。示例代码如下:

```
$data =['coursename' =>'AJAX 开发', 'intr' =>'Ajax 的最大优点,就是能在不更新整个
页面的前提下维护数据', 'cover' =>'ajaxlogo.jpg'];
$course =Course::create($data);
$course->save();
```

如果希望通过获取表单数据并自动添加到数据表内,可以通过 $request->all()方法来获取数据,然后传入 create()方法录入数据表,示例代码如下:

```
public function formadd(Request $request)
{
    $course=Course::create($request->all());
    $course->save();
}
```

3. 使用模型删除数据

使用模型根据条件删除数据可以用 delete()方法,有两种方式:先查后删和直接删。需要注意,前者如果数据不存在,那么会报错,所以应当先判断数据是否存在。示例代码如下:

```
// 方法 1：先查后删,删除 id 为 2 的记录
$course=Course::find(2);
if($course)
{
    $course->delete();
}
else
{
    dump('数据不存在,删除失败');
}
// 方法 2：直接删除
Course::where('id',3)->delete();
```

4. 使用模型修改数据

使用模型修改数据同样有两种方式:使用 save()方法先查询后修改,使用 update()方法

直接修改。示例代码如下：

```php
// 方法 1：先查后改，修改 id 为 1 的记录
$course=Course::find(1);
if($course)
{
     $course->coursename='php 语言';
     $course->cover='phplogo.png';
     $course->save();
}
else
{
    dump('数据不存在，修改失败');
}
// 方法 2：直接修改
Course::where('id',4)->update(['coursename'=>'CSS 样式设计','cover'=>'csslogo.
png']);
```

5. 使用模型查询数据

模型可以通过 find()、get()、all() 三种方法实现数据查询。

1) find() 方法

它是根据主键进行查询，若记录不存在，则返回 null，示例代码如下：

```php
// 查询主键为 4 的记录，返回对象
$course=Course::find(4);
dump($course->coursename);
// 添加 where 条件查询
$course=Course::where('coursename','php 语言
')->select('coursename','intr')->find(1);
dump($course);
// 使用数组形式查询主键为 1,4,6 的记录，返回对象集合
$course=Course::find([1,4,6]);
dump($course);
dump($course[2]->coursename);
```

2) get() 方法

模型中的 get() 方法和 DB 类中的 get() 方法类似，返回的结果都是对象集合，但是类型不同。示例代码如下：

```php
//使用模型的 get() 方法
$course=Course::where('id','1')->get();
```

```
//使用 DB 类的 get()方法
$course=DB::table('course')->where('id', 1)->get();
```

get()方法返回的是模型对象的集合,DB 类的 get()方法返回的是普通对象的集合。在模型的 get()方法前也可以使用 where()、select()等方法。

3) all()方法

模型的 all()方法可以查询表中的所有记录,返回的也是模型对象集合,示例代码如下:

```
//使用模型的 get()方法
$course=Course::where('id','1')->get();
//使用 DB 类的 get()方法
$course=DB::table('course')->where('id', 1)->get();
```

注意,使用 all()方法的时候,不能同时使用 where()和 select()等方法。

 11.4 Laravel 辅助函数

Laravel 辅助函数是框架提供的一些实用函数,用于简化常见的任务和操作。这些函数不是 Laravel 的核心功能,但它们为开发者提供了方便的工具,可以加快开发速度并简化代码。Laravel 辅助函数通常用于字符串处理、数组操作、日期和时间处理等方面。

11.4.1 字符串函数

Laravel 框架内置的字符串函数可以方便地对字符串进行各类操作,在实际开发中是比较常用的。常用的 Laravel 字符串函数如表 11-2 所示。

表 11-2　常用的 Laravel 字符串函数

序号	函数名	功能描述
1	Str::start()	将值添加到字符串的开始位置
2	Str::startsWith()	判断字符串的开头是否是指定的值
3	Str::endsWith()	判断字符串是否以给定的值结尾
4	Str::before()	返回字符串中指定的值之前的所有内容
5	Str::after()	返回字符串中指定的值之后的所有内容
6	Str::contains()	判断字符串是否包含给定的值(区分大小写)
7	Str::finish()	将字符串以给定的值结尾返回
8	Str::is()	判断字符串是否匹配给定的模式
9	Str::limit()	按指定的长度截断字符串

（续表）

序号	函数名	功能描述
10	Str::random()	生成一个指定长度的随机字符串
11	Str::replaceArray()	使用数组顺序替换字符串中的值
12	Str::replaceFirst()	替换字符串中指定值的第一个匹配项
13	Str::replaceLast()	替换字符串中最后一次出现的指定值

【案例 11 - 13】 利用 Str::is 函数判断包含规则。

步骤 1:在控制器中引入 Str 类的命名空间,相关代码如下:

```
use Illuminate\Support\Str;
```

步骤 2:创建 testStr()方法进行判断,相关代码如下:

```
public function testStr(){
    $res =Str::is('he*', 'hello');
    dump($res);//返回 true
    $res =Str::is('*e*', 'hello');
    dump($res);//返回 true
    $res =Str::is('*lo', 'hello');
    dump($res);//返回 true
    $res =Str::is('*el', 'hello');
    dump($res);//返回 false
}
```

11.4.2 URL 函数

Laravel 内置的 URL 函数可以对 URL 进行相关的操作,相关函数如表 11 - 3 所示。

表 11 - 3 常见 URL 函数

序号	函数名	功 能 描 述
1	action()	为控制器和方法生成 URL,第 1 个参数为控制器和方法名,第 2 个参数为方法的参数
2	route()	为命名路由生成一个 URL
3	url()	为给定路径生成完整的 URL
4	secure_url()	为给定路径生成完整的 HTTPS URL
5	asset()	使用当前请求的 Scheme(HTTP 或 HTTPS)为前端资源生成 URL
6	secure_asset()	使用 HTTPS 为前端资源生成一个 URL

【案例 11 - 14】 创建 testURL()方法,通过 action()、route()和 asset()函数生成相应路由。相关代码如下:

```
public function testURL()
{
    // 为控制器中的 form 方法生成 url
    $url =action('TestController@form');
    dump($url);
    // 为 form 方法生成 url 的同时传递参数 id=1
    $url =action('TestController@form', ['id' =>1]);
    dump($url);
    // 为名为 hello 的路由生成 url
    $url =route('hello');
    // 为图片生成 url,生成结果为 http://localhost/assets/img/photo.jpg
    $url =asset('img/photo.jpg');
    dump($url);
}
```

11.4.3 数组函数

Laravel 框架内置了数组函数来对数组进行排序、检索操作。相关函数如表 11 - 4 所示。

表 11 - 4 常见数组函数

序号	函数名	功 能 描 述
1	Arr::add()	添加指定键值对到数组
2	Arr::get()	从数组中获取值,若获取的值不存在,则返回默认值
3	Arr::first()	返回数组的第一个元素
4	Arr::last()	返回数组的最后一个元素
5	Arr::except()	根据键名将指定键值对的元素从数组中移除
6	Arr::forget()	使用"."拼接键名从嵌套数组中移除给定键值对
7	Arr::collapse()	将多个数组合并成一个
8	Arr::flatten()	将多维数组转化为一维数组,数组的键是索引
9	Arr::dot()	将多维数组转化为一维数组,数组的键使用"."连接
10	Arr::prepend()	将数据添加到数组的开头
11	Arr::only()	从给定数组中返回指定键值对
12	Arr::pull()	获取指定键的值并将此键值对移除,若没有值,则返回默认值

（续表）

序号	函数名	功　能　描　述
13	Arr::set()	设置数组的值,若是多维数组,则使用"."拼接对应的键
14	Arr::divide()	将原数组分割成两个数组,一个包含原数组的所有键,另一个包含原数组的所有值
15	Arr::wrap()	向数组中添加指定值,若给定值为空,则返回空数组
16	Arr::pluck()	获取数组中指定键对应的键值列表,多用于多维数组
17	Arr::has()	检查给定数据项是否在数组中存在
18	Arr::where()	使用给定闭包对数组进行过滤
19	Arr::random()	从数组中返回随机值

使用 Laravel 数组函数时,需要在控制器内引入 Arr 类的命名空间,相关代码如下:

```
use Illuminate\Support\Arr;
```

然后通过控制器动作执行函数,通过路由进行访问。

【案例 11 - 15】　数组添加元素、获取元素、删除元素。示例代码如下:

```
public function testArr(){
    $array =Arr::add(['name' =>'张三','gender'=>'m'], 'age', 28);
    dump($array);//输出整个数组
    $name=Arr::get($array, 'name');
    dump($name);//输出"张三"
    $array =Arr::except($array, ['age']);//删除 age 键值对
    dump($array);
}
```

【案例 11 - 16】　数组排序。示例代码如下:

```
public function testArr(){
$array =['PHP', 'HTML', 'CSS','JS'];
    $sorted =Arr::sort($array);
    dump($sorted);
    $num =[100, 300, 200];
    $sorted =Arr::sort($num);
    dump($sorted);
}
```

【案例 11 - 17】　数组递归排序。示例代码如下:

```
public function testArr(){
$array =['PHP', 'HTML', 'CSS','JS'];
     $sorted =Arr::sort($array);
     dump($sorted);
     $num =[100, 300, 200];
     $sorted =Arr::sort($num);
     dump($sorted);
}
```

输出结果如图 11 - 17 所示。

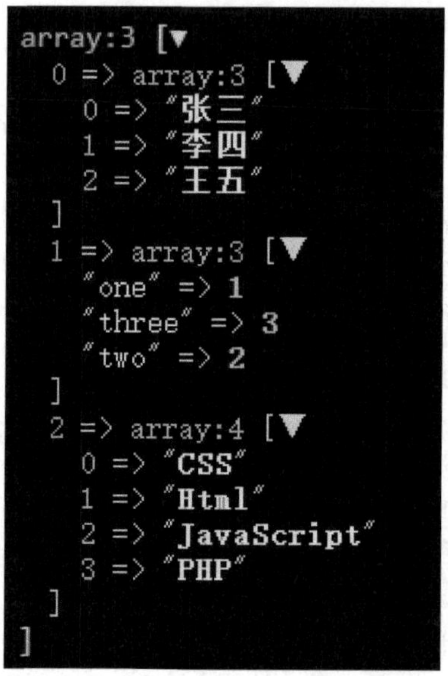

图 11 - 17　数组函数示例执行结果

【案例 11 - 18】　数组检索,示例代码如下:

```
$array =['name' =>'张三', 'major' =>'计算机应用技术'];
$contains =Arr::has($array, 'major');
dump($contains);//显示 true
$contains =Arr::has($array, 'age');
dump($contains);//显示 false
$array =[100, '200', 300, '400', 500];
$filtered =Arr::where($array, function ($value, $key) {
     return is_string($value);
});
dump($filtered );//显示过滤结果[1 =>'200', 3 =>'400']
```

11.4.4 其他函数

Laravel 框架还包括了一些函数用于获取环境变量、页面重定向、缓存操作等功能。部分函数功能如表 11-5 所示。

表 11-5 常见其他函数

序号	函数名	功 能 描 述
1	config()	获取配置变量的值
2	env()	获取环境变量值,若不存在,则返回默认值
3	cookie()	创建一个新的 Cookie 实例
4	session()	用于获取或设置 Session 值
5	cache()	用于从缓存中获取值
6	csrf_field()	生成一个包含 CSRF 令牌值的 HTML 隐藏字段
7	csrf_token()	获取当前 CSRF 令牌的值
8	app()	返回服务容器实例
9	request()	获取当前请求实例
10	response()	创建一个响应实例
11	back()	返回到用户前一个访问页面
12	redirect()	HTTP 重定向
13	abort()	抛出一个被异常处理器渲染的 HTTP 异常

其中,config()、env()、cookie()、session()和 cache()等方法都是在配置文件或程序中进行设置的,通过名称来获取对应的值;csrf_field()方法多用于表单提交时,在表单中添加 CSRF 令牌抵御 CSRF 攻击。

11.5 Laravel 框架常用功能

11.5.1 数据分页

当记录数过多的时候,需要在页面中进行分页显示,Laraval 框架提供了非常简便的形式实现分页,使用 paginate()方法传入每页记录数作为参数即可。示例代码如下:

```
$data =Course::paginate(2);
```

下面通过一个完整的案例实现数据的分页显示。

【案例 11 - 19】 课程数据分页显示。

步骤 1：在控制器中新建 courselist()方法，分页提取 course 数据表中的记录，并打开 courselist 视图，将数据传递到视图中。相关代码如下：

```php
public function courselist()
{
    $data =Course::paginate(2);//每页显示 2 条数据
    return view('courselist', compact('data'));
}
```

步骤 2：新建 courselist. blade. php 视图文件，获取数据，循环遍历显示，并显示页码。相关代码如下：

```html
<table border="1">
  <thead>
    <tr>
        <th>id</th>
        <th>封面</th>
        <th>课程名</th>
        <th>简介</th>
    </tr>
  </thead>
  <tbody>
    @foreach ($data as $val)
    <tr>
        <td>{{ $val->id }}</td>
        <td>{{ $val->coursename }}</td>
        <td><img style="width: 100px; height: 100px;" src="img/{{$val->cover }}"></td>
        <td>{{ $val->intr }}</td>
    </tr>
    @endforeach
  </tbody>
</table>
{{ $data->links() }}
```

其中最后一行的代码表示输出页码。

步骤 3：新建对应路由规则，输入 URL 查看效果。效果如图 11 - 18 所示。

单击页码链接后，即可实现翻页效果，如果希望页码样式更加美观，可以使用 Bootstrap 框架修改样式，效果如图 11 - 19 所示，有兴趣的同学可以自行研究。

图 11‑18　数据分页功能效果

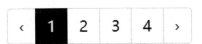

图 11‑19　使用 Bootstrap 框架美化的页码

11.5.2　上传文件

通过 Laravel 封装好的 file()、store() 等方法,可以方便地实现文件上传功能。上传文件一般需要一个显示表单的视图文件和负责上传的控制器。

【案例 11‑20】　上传文件。

步骤 1:创建上传表单视图文件 upform. blade. php,相关代码如下:

```
<form action="up" method="post" enctype="multipart/form-data">
    上传文件:<input type="file" name="myfile"><br>{{ csrf_field() }}
    <input type="submit" value="提交">
</form>
```

上述代码中,action＝"up"表示将数据递交给控制器中的 up()方法,需要通过路由匹配;{{ csrf_field() }}表示为表单中添加 CSRF 令牌,是一种安全机制,有兴趣的同学可以自行查阅研究。

步骤 2：通过控制器，创建 upform()方法显示 upform. blade. php 视图；创建 up()方法上传文件。相关代码如下：

```
public function upform()
{
    return view('upform');
}

public function up(Request $request)
{
    $file =$request->file('myfile');
    $file->store('/upload','public');
}
```

上述代码第 8 行表示获取上传的文件对象；第 9 行表示通过 store()方法将文件存放于 storage\app\public\upload 文件夹内。

步骤 3：建立路由匹配关系，然后访问 upform 视图进行测试。路由匹配规则如下：

```
Route::get('upform', 'TestController@upform');
Route::post('up', 'TestController@up');
```

注意，up 方法的数据传递方式为"post"。

如果要修改文件上传的默认路径，可以修改 config\filesystems. php 配置文件中的相关参数。此外，Laravel 框架还提供了获取文件信息、删除文件、重命名文件等功能。

11.5.3 页面重定向

当需要将页面进行跳转的时候，可以通过 redirect()函数，该函数的参数就是跳转的路由地址，示例代码如下：

```
return redirect('user/index');
```

在重定向的时候，也可以指定一个路由的名称来实现跳转，示例代码如下：

```
return redirect()->route('index');
```

> 🧑 **思政小课堂**
>
> （1）框架可以帮助企业大幅度地提高开发效率，节省开发成本，但作为开发者，不能只学习框架的应用而轻视原生代码的学习，只有理解底层逻辑，才能更好地理解框架实现的原理，更好地去开发和维护一个项目。

（2）框架虽然好用，但习惯了框架开发后，也容易造成思维定式，缺乏创新能力，容易形成惯性思维，我们要不断地学习新知识，走出舒适区。

（3）目前，许多框架都来自国外，软件开发在国家竞争力上有极其重要的地位，每个有民族责任感的程序员都应该有自力更生、软件独立的意识，否则在各行各业都会受制于人，虽然道路艰难，但是支持国产框架、国产软件都是我们应该做的。

第 11 章　拓展学习

习题 11

参考文献

［1］陈浩,等.零基础学 PHP[M].3 版.北京:机械工业出版社,2015.

［2］董国钢,林民山,李迎霞.PHP 网站开发教程[M].上海:上海交通大学出版社,2022.

［3］兄弟连 IT 教育,高洛峰.跟兄弟连学 PHP[M].北京:电子工业出版社,2016.

［4］杨梅,刘佳瑜,等.Web 前端开发实践[M].上海:上海交通大学出版社,2018.

［5］赵丙秀,张松慧.Bootstrap 基础教程[M].北京:人民邮电出版社,2018.

［6］殷正坤,胡君,王君妆等.网页美化与布局教程[M].哈尔滨:东北林业大学出版社,2019.

［7］黑马程序员.Laravel 框架开发实战[M].4 版.北京:人民邮电出版社,2022.